今日家居

（西）卡雷斯·布洛特 编著

陈可伟 编译

广西师范大学出版社

·桂林·

著作权合同登记号桂图登字：20－2012－100 号

图书在版编目（CIP）数据

今日家居／（西）卡雷斯·布洛特 编著；陈可伟 编译.
—桂林：广西师范大学出版社，2012.7
ISBN 978－7－5495－1648－3

Ⅰ.①今… Ⅱ.①卡… ②陈… Ⅲ.①住宅－室内装饰设计 Ⅳ.①TU241

中国版本图书馆 CIP 数据核字（2012）第 078003 号

出 品 人：刘广汉
责任编辑：刘　丹
美术编辑：王　娇

广西师范大学出版社出版发行

（广西桂林市中华路22 号　　邮政编码：541001
　网址：http://www.bbtpress.com ）

出版人：何林夏
全国新华书店经销
销售热线：021－31260822－126/127
上海锦良印刷厂印刷
（上海市松江区伴亭东路218 号　邮政编码：201615）
开本：240mm×260mm　　16 开
印张：15　　　　　字数：27 千字
2012 年7 月第1 版　　2012 年7 月第1 次印刷
定价：240.00 元

如发现印装质量问题，影响阅读，请与印刷单位联系调换。
（电话：021－56519605）

今日家居

索 引

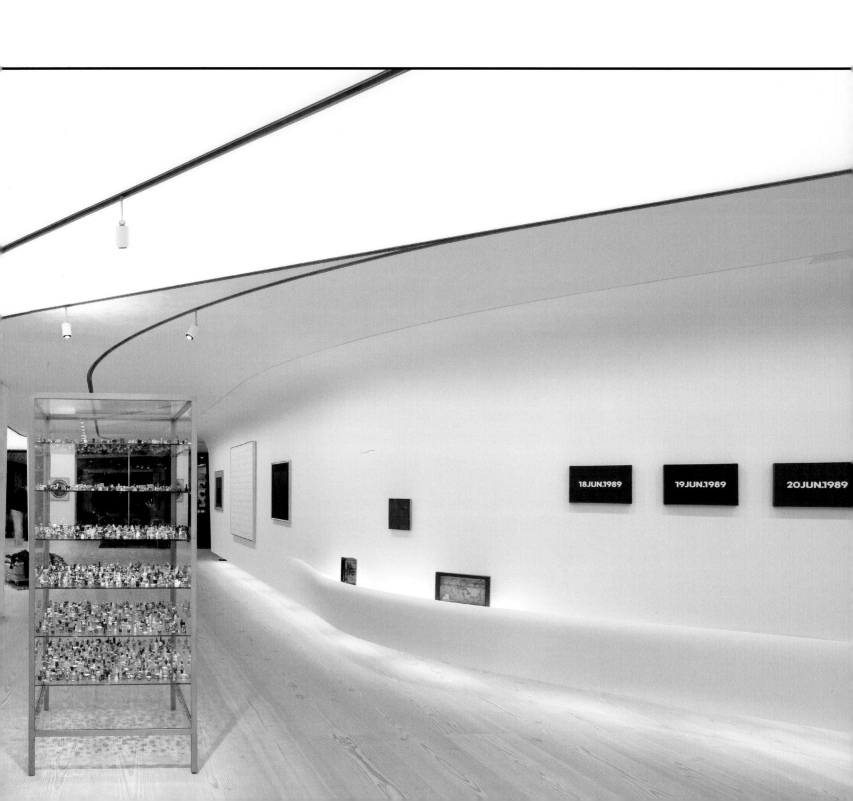

简 介

  有弄潮儿便有追随者。追随者循规蹈矩，弄潮儿重塑新规。在这本书中，我们收集了设计师们对室内设计的新诠释、新观念以及新理念。总而言之，我们呈现给您的是那些能够带领未来建筑新方向的设计，并且也搜集到了很多案例。

  在各个项目中，从专业技术工艺与视觉艺术渐渐享有同等重要性时起，我们就开始了解室内设计以及装修过程的各个方面，以便能够拓展视角。从一个设计雏形到装修完成，我们囊括了建筑师为了能够无限接近设计时的想法而采用的装修材料信息以及整个装修过程。没有人比设计师更有资格来评论这些项目的完成情况，所以在最后，我们附上了建筑设计师自己的点评以及一些趣闻轶事。

  所以，我们相信，这本书能够使您更具专业知识及眼光。同时，希望这本收集了全世界最精致、最有新意作品的书能够为您带来无限灵感，让您回味无穷！

MAAJ Architects

巴黎公寓

法国，巴黎

照片由MAAJ建筑设计事务所提供

这间位于巴黎的小型复式公寓经过改建后，充分利用了有限的楼层空间。该改造就是为了能够增加公寓面积，使室内各部分多功能化，尽量扩大自然光入射率，同时简化室内的结构。

该工程恢复了公寓最初的东西双面朝向，形成持久的发散形光照，从视觉上扩大室内空间。这一简单的改动让公寓焕然一新，并证明了照明设计对室内设计的效果是至关重要的。

一项最主要的改动就是修复了通向阁楼的通道，阁楼上的空间又可以分割成两个房间，由此可形成双倍的高度与空间。两个楼梯下方可以当存储格用，这是为了搭配每个房间的作用而定制的，不仅可以储存CD、放置电视橱柜，还可以当作书橱或衣柜。创造一个如此多功能的楼梯柜是一个节省空间的极佳方式。

建筑企划：
MAAJ建筑设计事务所
设计团队：
Anne-Julie Martinon
Marc-Antoine Richard
表面积：
总面积71平方米 (764平方英尺)
一层面积41平方米 (441平方英尺)
阁楼面积30平方米 (323平方英尺)

一项最主要的改动就是修复了通向阁楼的通道，阁楼上的空间又可以分割成两个房间，由此可形成双倍的高度与空间。两个楼梯下方可以当存储格用，这是为了搭配每个房间的作用而定制的，不仅可以储存CD、放置电视橱柜，还可以当作书橱或衣柜。

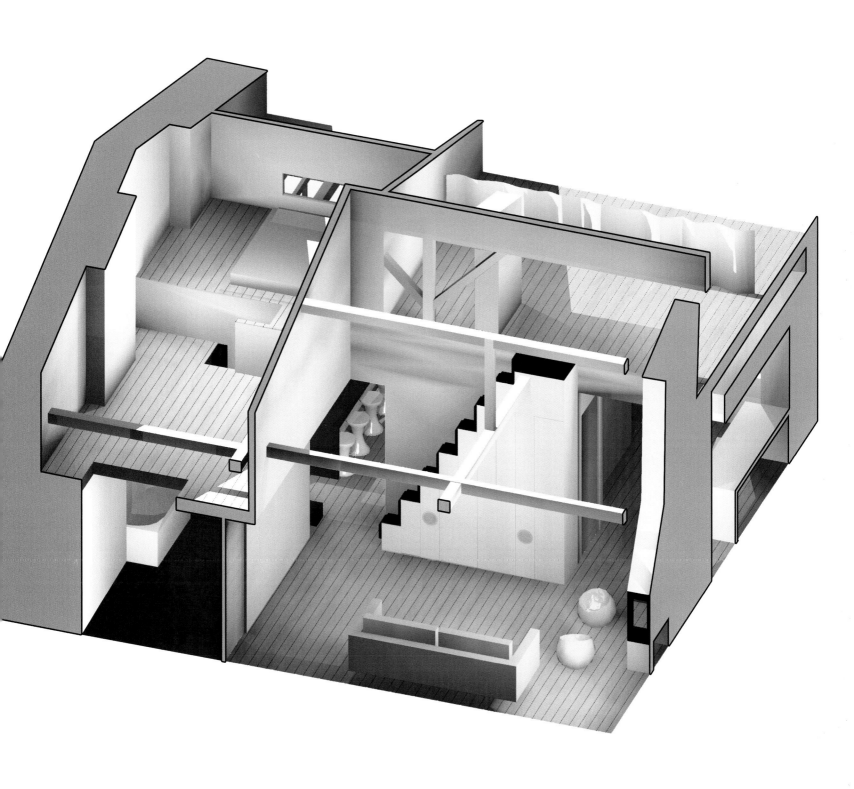

一楼平面图

底楼平面图

该工程恢复了公寓最初的东西双面朝向，形成持久的发散形光照，从视觉上扩大室内空间。这一简单的改动让公寓焕然一新，并证明了一点，那就是照明设计对室内设计的效果是至关重要的。

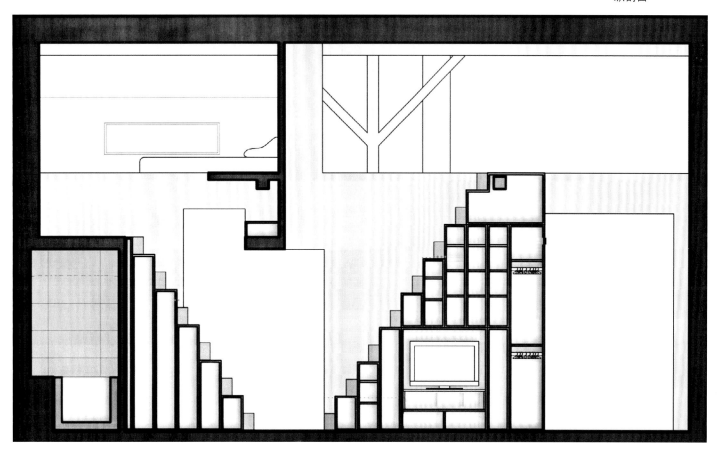

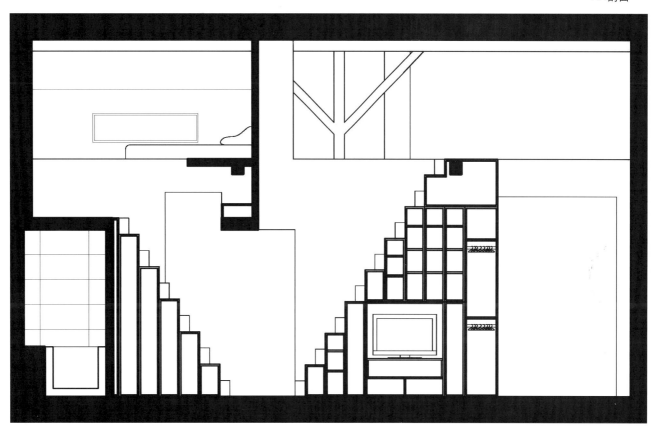

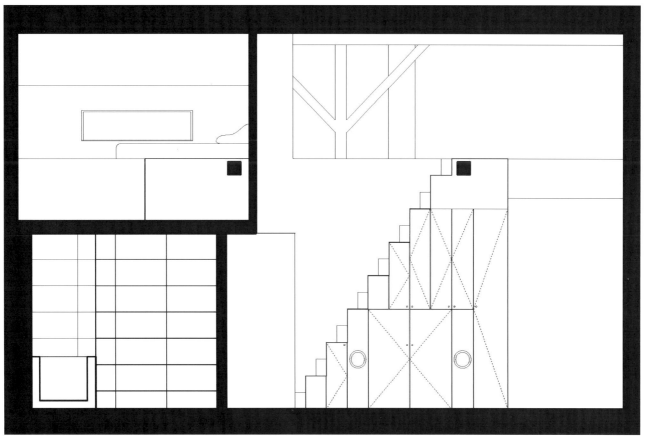

no.555 - Tsuchida Takuya

悬浮屋

日本，东京

照片由鸟村浩一、小山春一提供

建筑企划：
第555-土田拓也
结构设计：
结构化环境，Alan Burden

"悬浮屋"位于一片住宅区的上端。在顾客的多项要求中，最与众不同的就是要有一个"能够存放九辆车的车库"，而且在客厅中，要能看见户主最喜欢的那辆车，还要有足够空间放置一棵"高高的树"。

要在一栋别墅上满足所有的要求基本是不可能的，只能将整栋别墅本身设计成一个大厅，最大化客厅面积。利用整个地下室充足的空间来存放户主的九辆车，别墅其他的房间以及空间随意地分布在大厅的各处，同时也不破坏大厅的整体性：根据必备的房间用途设计成不同大小的立方体"悬浮"在房子的不同高度，中间由桥连接。

从结构上来看，这些轻盈的铁箱或是附在墙上，或是悬挂在整个钢筋混凝土别墅的屋顶上。

不像普通的别墅由楼层来分割空间，在这栋别墅中，"悬浮"箱的行星结构使得别墅在配备了各种用途和功能的房间同时，保持了整个内部空间的完整性。

土田拓也于1973年出生在福岛县。他的父亲是一名建筑师，所以在很小的时候，他就意识到了建筑与人之间的关系，以及建筑怎样在适应人类生活方式的同时对人类生活产生影响。

1996年，土田拓也毕业于关东大学工程专业。此后一直到2001年，他在建筑师前泽良和手下当学徒。2003年，土田拓也与小泽神鱼合作，在TN设计事务所工作。在2005年，土田拓也自己创办了名为"第555"的建筑事务所并开始了基于纯度的设计理念研究。

在2005年，土田拓也和小泽共同获得了"优秀设计奖"。2009年，土田再次获得该奖项。

在底层地板上开了一个天井，利用液压系统将地下室的车提升到大厅，成为厅中的一件摆设。

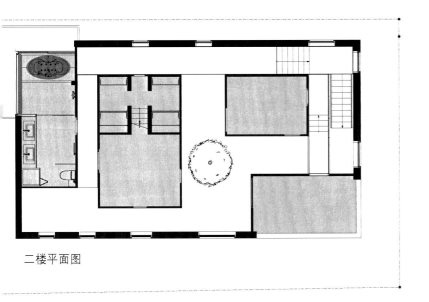

二楼平面图

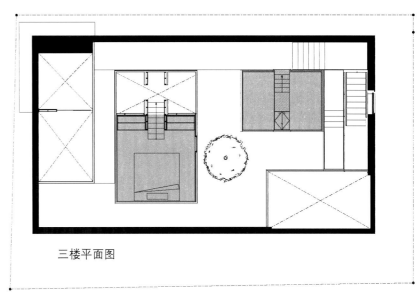

三楼平面图

用于睡觉、洗漱、烹饪的房间"悬浮"于房子的不同高度，相互之间的间隔适中，由走道或桥连接。完整保存了大厅的空间，给人一种舒畅而不受阻的感觉。

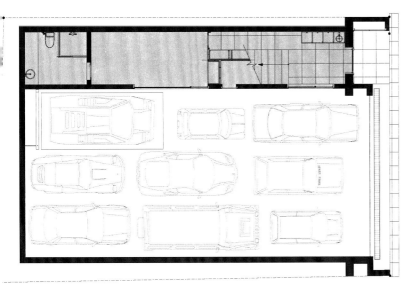

底楼平面图

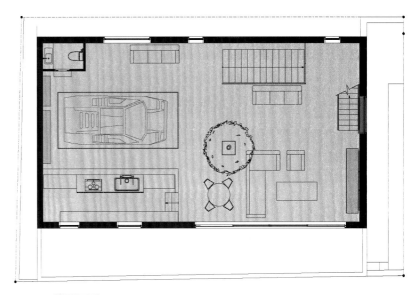

一楼平面图

设计师利用这种与众不同的房间分布方式来满足客户最重要的两个要求：一是能够在客厅中看到户主最喜爱的车，二是室内能够放置一棵高高的树。

从结构上来看，这些轻盈的铁箱或是附在墙上，或是悬挂在整个钢筋混凝土别墅的屋顶上。

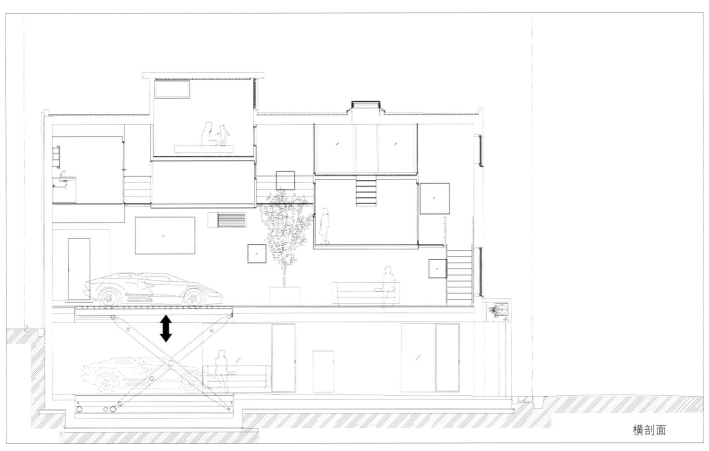

横剖面

Doepel Strijkers Architects & Lex Architecten

车库

荷兰，鹿特丹

照片由Marten Laupman提供

这个项目是一个隐蔽在改建的奢华居所后的老救护车车库，这栋房子俯视着一座城市花园，是鹿特丹最美丽的具有历史意义的城市花园之一。改建这个项目是为了使老建筑能够符合两位创意人士以及他们孩子的要求，即居住在市中心的同时也要能够享受宁静的生活。设计充分利用了房屋天花板高以及临近公园这两大特点。设计师将贴近公园的墙敲掉并安装上整面玻璃，透过玻璃便能直接看到公园景色，这一改造在公园与房屋二者之间建立了联系。房子的一部分在一排三层楼的连排屋下方。为了满足客户的需求，建三间卧室两间浴室，设计师下挖了一个防空洞，使得房屋又向下增加了1.6米（5.1英尺）。整栋房子的二层也变成了一个长9.5米（64英尺）的长方体，悬在整个防空洞上方。二层长方体的聚碳酸酯面板墙以及下方的天花板由于嵌入了LED灯，能够分别打开或关上，整面二层的墙以及下方的天花板就变成了灯。房子中较暗的部分除了依靠来自厨房以及餐厅的直接光源，二层墙体以及下方天花板上的光也能带来一丝情调。打开二层墙面上的两扇门，视野便能一直从主卧房穿过客厅，延伸到玻璃外的公园。

车库的外壳采用了新的混凝土地板，整片地面连接了临街的入口大厅、下沉式厨房和餐厅、大厅以及连接花园的带顶露台。防空洞与面向街边的入口大厅以及面向公园一边的客厅由设计定制的亮橙色聚氨酯碗橱、楼梯和厨房设施连接。分别夹在橙色楼梯间的方块体根据不同情况，既能当凳子，也能当桌子。

当我们从房屋前部向后方花园走去，悬浮在防空洞上方的"灯箱"成了一个聚焦点。而慢慢穿过灯箱下方，公园的景象便渐渐浮现，形成了一串连续的空间变化，最后出现在我们面前的是一片壮观的令人屏息的"绿洲"。

建筑企划：
Doepel Strijkers 建筑事务所
Lex 建筑事务所
团队成员：
Duzan Doepel,
Eline Strijkers,
Lex van Deudekom
合作团队：
Lex-Architecten BNA
承包商：
Bouwbedrijf H. van der Sluis & Zonen
工程师：
C.J.Luijten
楼层面积：
260平方米（2800平方英尺）

将车库后方的墙敲掉并安装整块玻璃窗，不仅打开了原本封闭的空间，营造出一幅全景公园视图，同时也在房屋以及公园之间建立了直接联系。

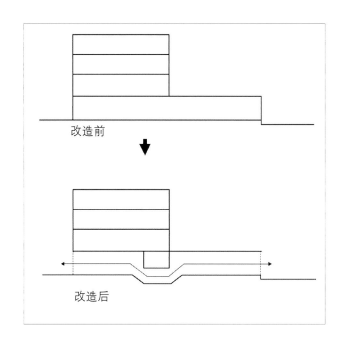

改造前

改造后

等距概念图

1. 现存楼体　　　　4. 防空洞
2. 浴室模块　　　　5. 连续混凝土楼板
3. 灯箱　　　　　　6. 公园

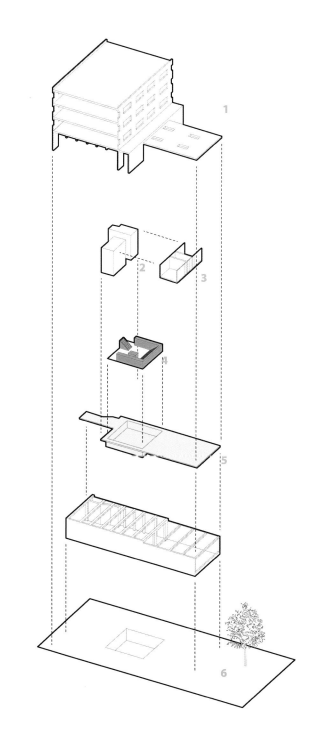

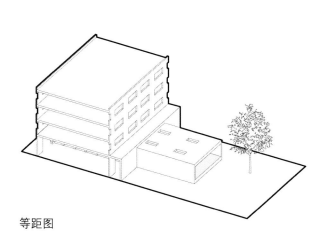

等距图

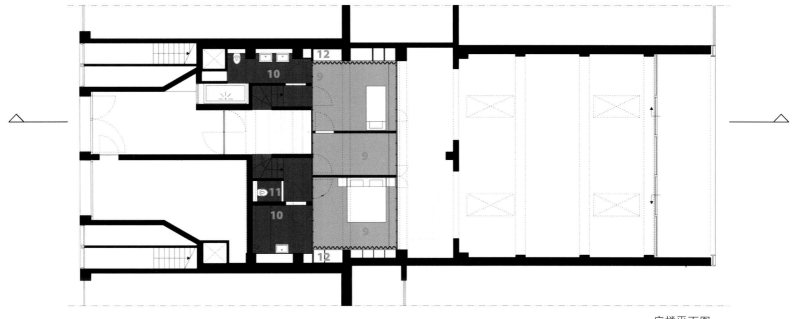

底楼平面图

二楼平面图:

1. 入口大厅
2. 车库
3. 防空洞
4. 厨房
5. 储藏室
6. 洗碗槽

7. 客厅
8. 露台
9. 浴室
10. 卧室
11. 洗手间
12. 嵌入式壁橱

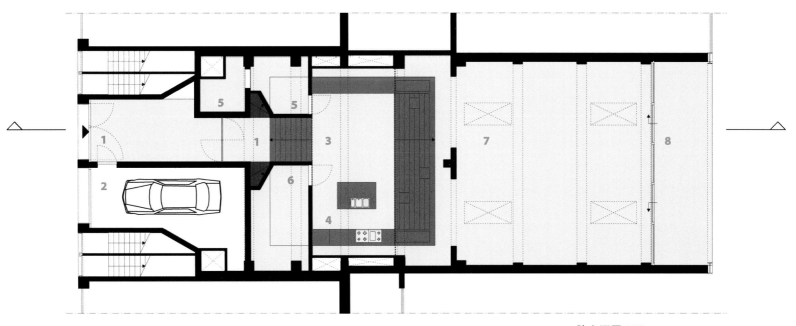

防空洞平面图

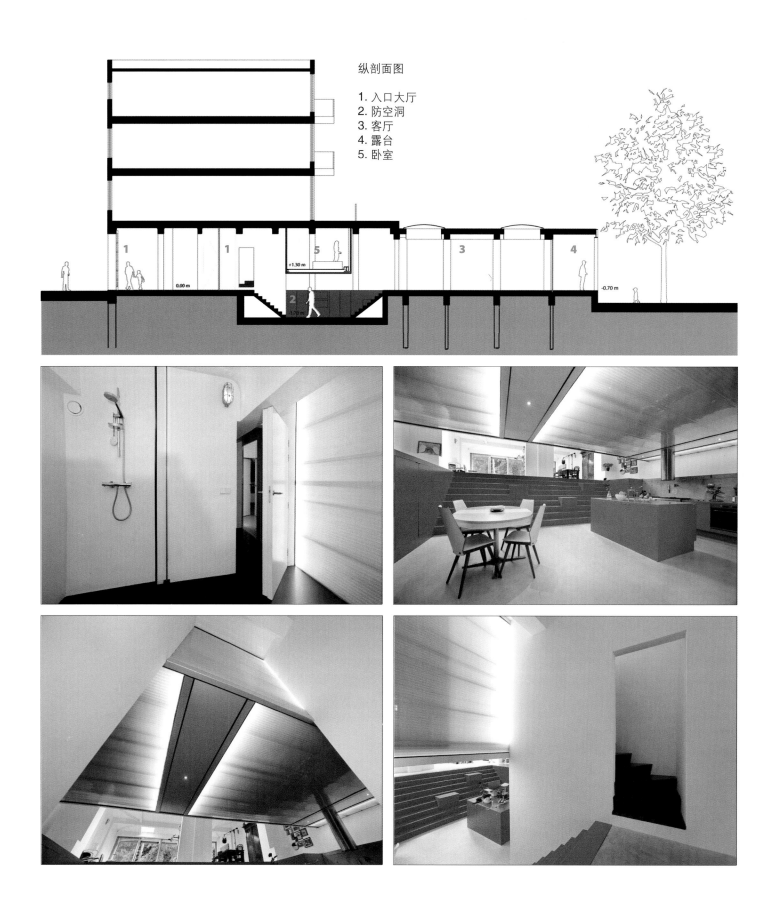

纵剖面图

1. 入口大厅
2. 防空洞
3. 客厅
4. 露台
5. 卧室

i29 Interior Architects

07号家

荷兰，阿姆斯特丹

照片由i29 Interior建筑事务所提供

这套四人居住的单家独户公寓位于荷兰阿姆斯特丹南部的一栋富丽堂皇的建筑中。这套公寓原来有多个房间、两个厅、一条长过道，两边分散着多个房间。经过改造后，不仅拥有更充足的空间，整个公寓也变得通透明亮。抽象的剪影图案等独特的设计元素为公寓增添了原创的个性。

厨房前的面板从地面一直延伸到天花板，都由激光切割，并全部喷上白漆。独特的图案让整个厨房处在半封闭的状态，同时，面板上的空隙也能当作手把。空隙部分将我们的视线延伸向厨房外，聚焦在Grcic的Chair One。中庭的开放式楼梯通向二层，自然光从二层射入，照亮整个客厅。开放式楼梯旁有一面两层楼高度的墙，墙面覆盖着白色松木，连接了上下两层。在楼上，主卧旁是一个大浴室，浴室装潢运用了Patricia Urquola的地砖、玻璃和木制储物柜。

i29的设计师Jasper Jansen和Jeroen Dellensen希望用震撼的视觉来创造贴心的设计。他们专注于细节，抓住公寓每个部分的核心特点，并用最合适而又独特的室内装饰来带出整个空间的精华。简洁明了的设计理念吸引了众多评审的眼球并为他们赢来了多项设计奖项。

建筑企划：
i29 Interior 建筑事务所
建筑：
Smart Interiors建筑公司
室内装潢：
Kooijmans Interiors 建筑公司
材料：
松木，白色环氧树脂地板
家具：
Chair One概念椅—Constantin Grcic
环形桌—Hay
GloBall 灯具—Jasper Morrison, Flos
定制厨房及储物柜
面积：
150平方米 (1615平方英尺)

抽象的剪影图案等独特的设计元素为公寓增添了原创个性。

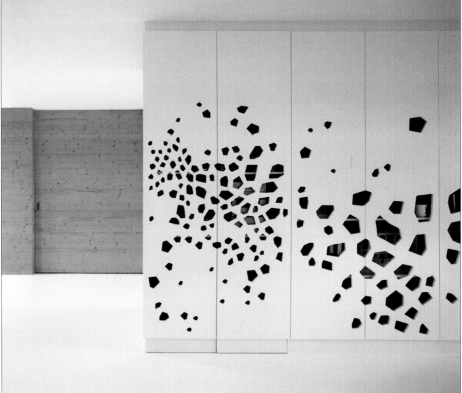

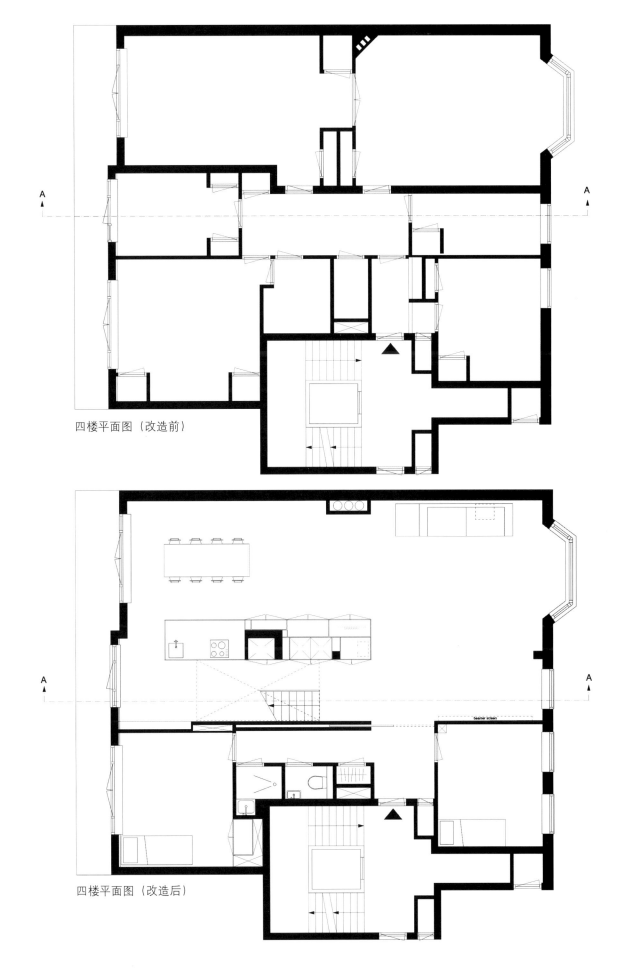

四楼平面图（改造前）

四楼平面图（改造后）

五楼平面图（改造前）

五楼平面图（改造后）

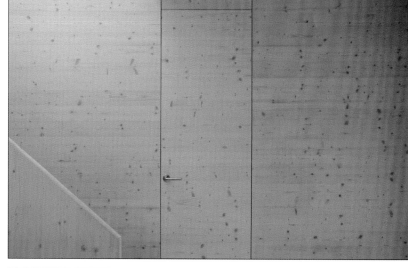

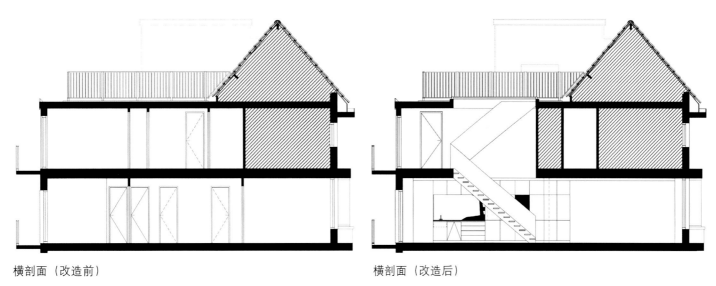

横剖面（改造前）　　　　　　　　　　　横剖面（改造后）

Gen Inoue

有多层次楼梯展台的别墅

日本，横滨

图片由Gen Inoue 提供

这栋私人住宅中住着一家两口，他们在此地居住有50年了。住宅位于山脚处，西面临街，微微向西面下倾。客户原先的房子在地平面基础上提升了1.6米，并在门前由楼梯连接。

Gen Inoue在接手这个项目时，将房子原先垂直于水平面的结构还原为微微倾斜30°的结构。倾斜是这个项目的主要特点。设计该住宅的构思是为了模拟地面倾斜的地势，并与屋顶和客厅处高起的天花板相呼应。

由于顾客是雕塑家，他的多项不同尺寸的雕塑作品如何摆放在设计过程中也是有讲究的。在这个项目中，建筑师决定将雕塑与整栋住宅融合在一起。这样一来，在这栋建筑中，顾客就有了一片独特的空间来陈列雕塑作品。

设计师为雕塑设计了一个多层次的楼梯展台，在房屋客厅临街的一面抬起，就坐在多层次楼梯展台，好似身处古希腊的露天剧场。

多层次楼梯展台的倾斜方向与山坡的倾斜方向相反，代表着艺术与生活的融合。

建筑企划：
Gen Inoue
项目建筑：
Gen Inoue
占地面积：
163.09平方米 (1755平方英尺)
建筑面积：
86.88平方米 (935平方英尺)
总楼面面积：
127.73平方米 (1375平方英尺)

建筑物的外表与内部给人的感觉是相反的。主要的设计理念是"透明"，却透露出一丝神秘的气息。为数不多的几处玻璃的运用也是点睛之笔。即便透过玻璃也看不清内部的展示。

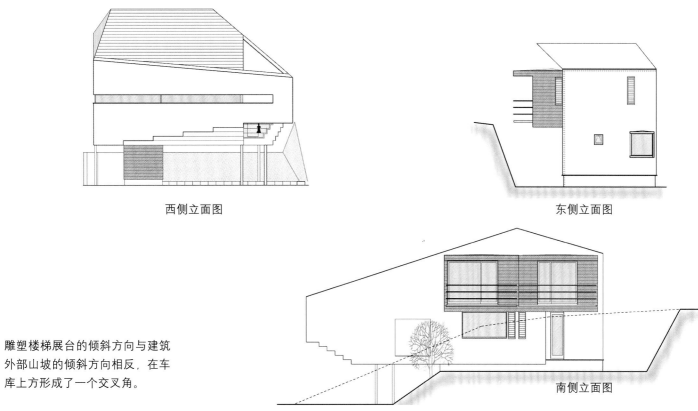

西侧立面图

东侧立面图

雕塑楼梯展台的倾斜方向与建筑
外部山坡的倾斜方向相反，在车
库上方形成了一个交叉角。

南侧立面图

楼梯展台在靠近车库上方的外墙运用了玻璃，自然光能够直接照入客厅。玻璃一直延伸到屋顶，并在屋顶形成一个三角，能透进阳光。虽然从街面上能够看到一部分雕塑，但是整个房屋的私密性并不因此而受到影响。

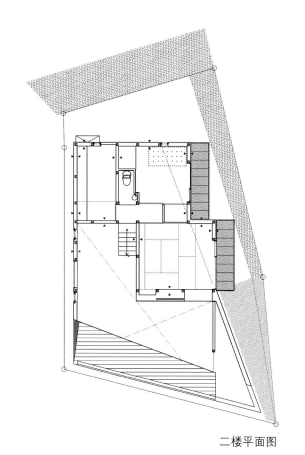

二楼平面图

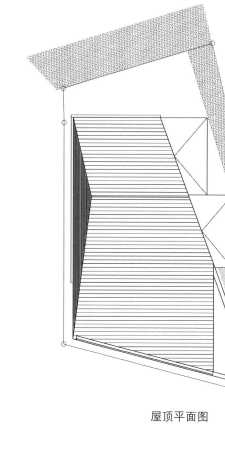

屋顶平面图

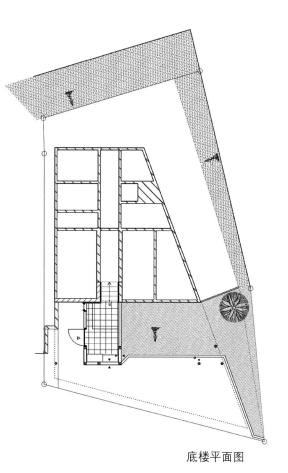

底楼平面图

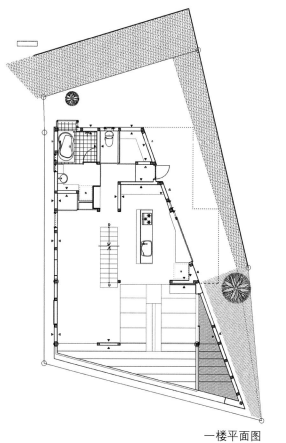

一楼平面图

尽管住宅的建筑面积有限，但是却在满足了雕塑艺术所需空间的同时，也保障了户主的生活空间，包括活动、烹饪、就寝、洗漱。虽然住宅外部的环境较城市化，但整个住宅却透出一股大自然的气息。

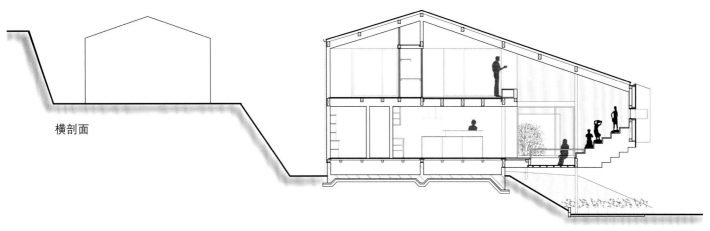

横剖面

Miel Arquitectos

Sant Pere 47公寓

西班牙，巴塞罗那

照片由Nuria Vila提供

建筑企划：
Miel建筑事务所 (成员：Miguel ángel Borrás, Elodie Grammont)

在改建该公寓时，设计师借鉴了19世纪位于巴塞罗那艾伊桑普勒区的一栋典型公寓的空间结构。该空间结构以一连串独立的房间和分散的庭院为主要特点。Sant Pere 47公寓中材料和视觉的共同效果使墙体的结构弱化。建筑师发现了公寓中符合笛卡尔平面坐标的一个几何巧合，一根对角的轴连接了入口处、中间入口以及面朝大街的一扇窗。这样，对角线就形成了平面的构架。

这一改建无意中将主卧变成了一间"监控室"，能够看到个个房间。隔着庭院，从主卧能够看到另一个卧室，隔着走廊能够看到浴室，隔着主卧的配套浴室能够看到客厅。配套浴室的窗临街，被自然光以及从树叶空隙间照进来的阳光照亮着。

两条金黄色的线条在对角线分割的两个区域中等高的位置沿着墙的走势，两条功能性带承载了电缆、灯、门道以及一根滑道，在公寓中划了一条水平分割线，使可居住高度达到2.2米，再往上的空间用来储存，比如酒架、浴室的头顶灯，以及一个多功能房间。

Sant Pere 47公寓在保存了原始风格的同时又充满了活力。大厅天花板上的镀金装饰、灵动的水滴，触感优质的木梁支撑着阁楼地板，侧面可以当书橱用的楼梯通向阁楼，楼梯面是用原先客厅的马赛克瓷砖装饰的，在光的照射下就像是一条神奇的魔毯。

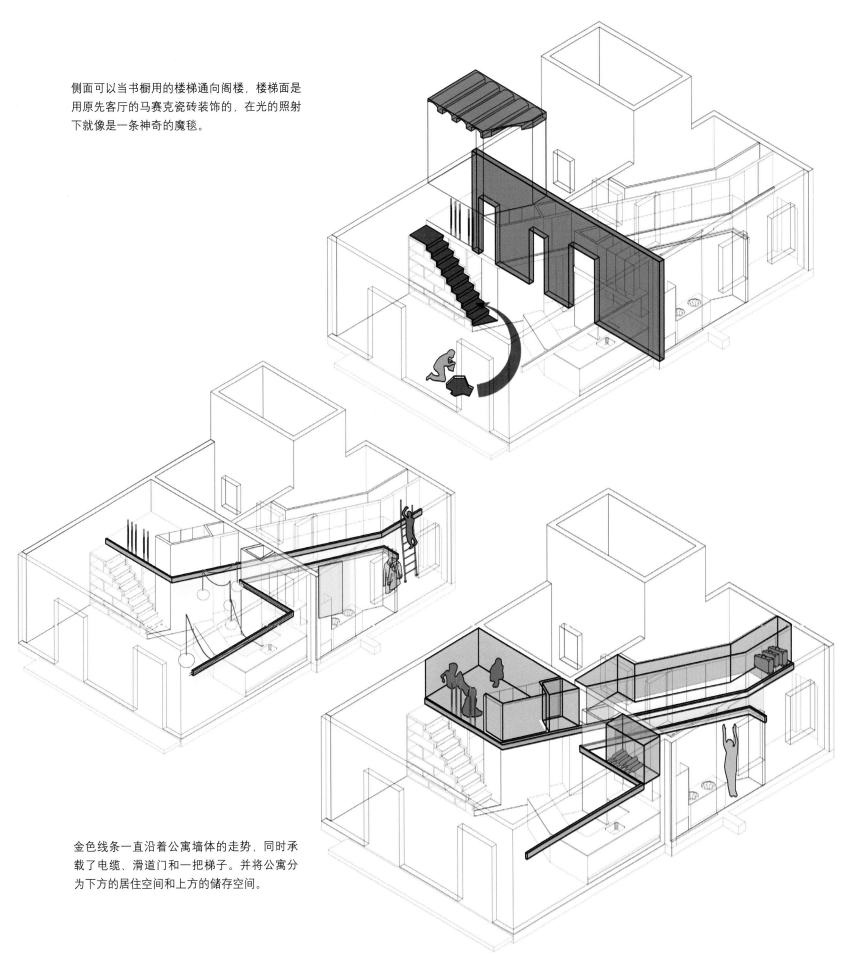

侧面可以当书橱用的楼梯通向阁楼，楼梯面是用原先客厅的马赛克瓷砖装饰的，在光的照射下就像是一条神奇的魔毯。

金色线条一直沿着公寓墙体的走势，同时承载了电缆、滑道门和一把梯子。并将公寓分为下方的居住空间和上方的储存空间。

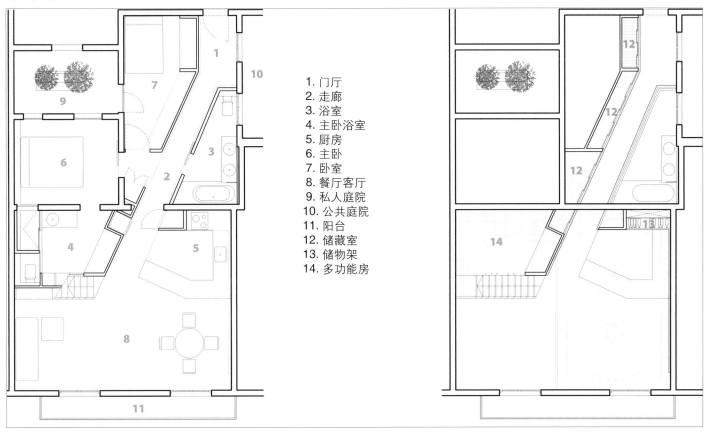

1. 门厅
2. 走廊
3. 浴室
4. 主卧浴室
5. 厨房
6. 主卧
7. 卧室
8. 餐厅客厅
9. 私人庭院
10. 公共庭院
11. 阳台
12. 储藏室
13. 储物架
14. 多功能房

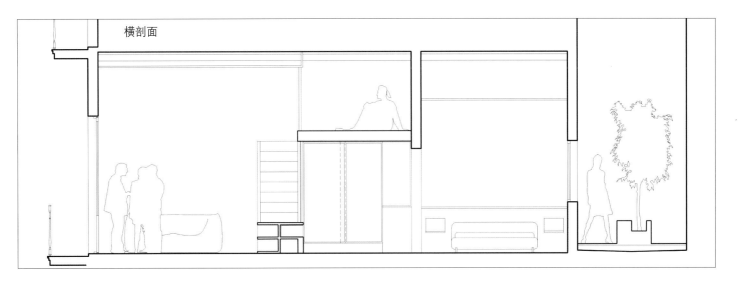

横剖面

UNStudio

小阁楼

美国，纽约，曼哈顿

照片由Iwan Baan提供

这是UNStudio建筑工作室为艺术收藏家于曼哈顿格林威治村的小阁楼所做的设计，设计过程中，设计师也在寻找艺术画廊与居家空间之间的平衡。阁楼的主墙体和富有表现力的天花板混搭，将艺术作品展示区与生活区域融合在一起。阁楼空间既长又宽，天花板也偏低，这对设计师来说，是一个挑战。天花板上流动的弓形线条转移了空间上高度不够的视觉效果，平衡了空间比例，令人感到更加舒适。不仅能当作生活空间，一整片墙面也为艺术展示提供了足够的空间。

蜿蜒的墙面制造出延伸透视线条的效果，在弯曲处还隐藏着角落和小空间。在这片混合的区域，艺术与生活相结合。蔓延的展示墙在一面陈列了各类书籍，在另一面展示着艺术作品。这堵墙成了艺术作品后沉默的背景，相比之下，天花板更具戏剧效果，透光与不透光的设计相结合，用环境光源与局部光源两种不同的灯光来区分艺术陈列与居家生活空间。天花板不透光的部分呈微微的拱形，给人无限延伸的感觉，在视觉上提升了空间高度。而透光的部分由18000个LED灯背光组成。整片延伸的光源不仅利用视觉效果平衡了阁楼的比例，仅用灯光就分割了生活和艺术两大空间，同时，也能根据设定变换光影效果，从冷色调到暖色调，还能模拟自然光。

建筑企划：
UNStudio建筑工作室
项目团队：
Ben van Berkel, Arjan Dingsté,
Marianthi Tatari, Colette Parras
当地执行设计建筑事务所：
Franke, Gottsegen, Cox 建筑事务所
施工管理：
3-D Laboratory Inc.
灯光设计：
Renfro Design Group, Inc.
MEP 工程师：
PA Collins, PE
结构工程师：
Wayman C. Wing顾问工程师
楼板面积：
543 平方米 (5841平方英尺)

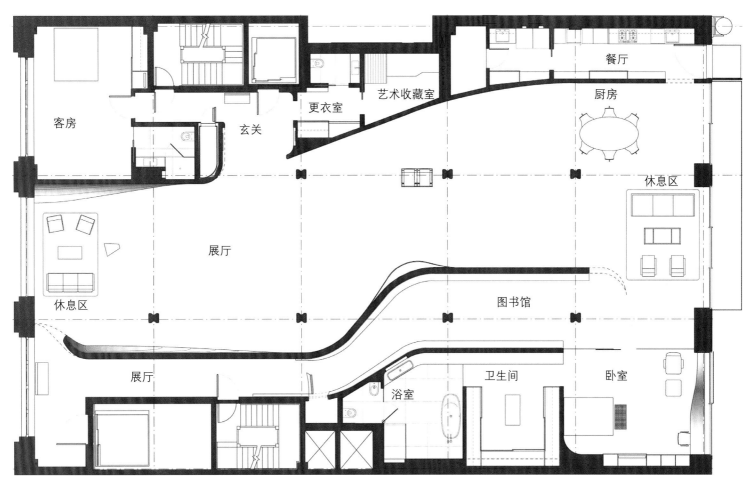

客房

玄关

更衣室

艺术收藏室

餐厅

厨房

休息区

展厅

图书馆

休息区

展厅

浴室

卫生间

卧室

平面图

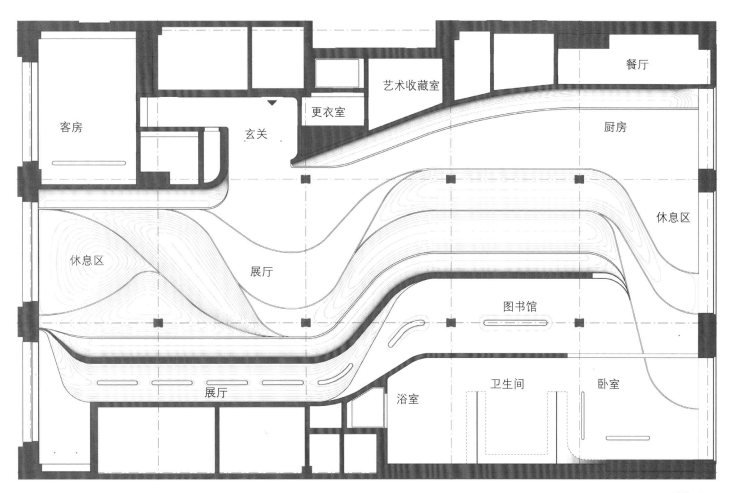

客房

玄关

更衣室

艺术收藏室

餐厅

厨房

休息区

休息区

展厅

图书馆

展厅

浴室

卫生间

卧室

平面图

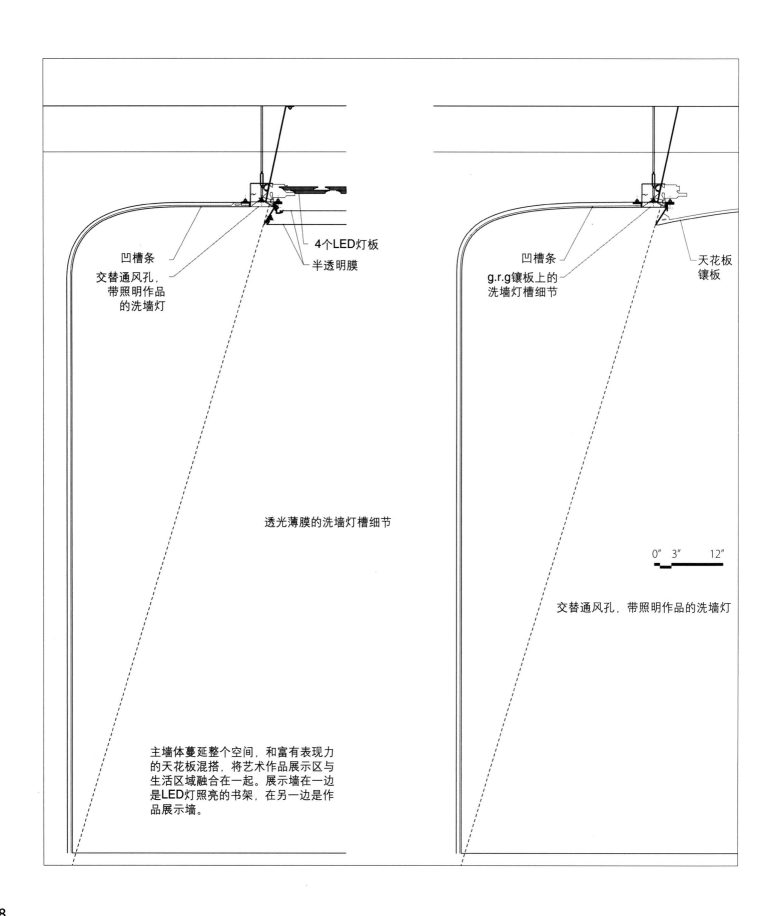

凹槽条

交替通风孔，
带照明作品
的洗墙灯

4个LED灯板

半透明膜

透光薄膜的洗墙灯槽细节

凹槽条

g.r.g镶板上的
洗墙灯槽细节

天花板
镶板

0″ 3″   12″

交替通风孔，带照明作品的洗墙灯

主墙体蔓延整个空间，和富有表现力
的天花板混搭，将艺术作品展示区与
生活区域融合在一起。展示墙在一边
是LED灯照亮的书架，在另一边是作
品展示墙。

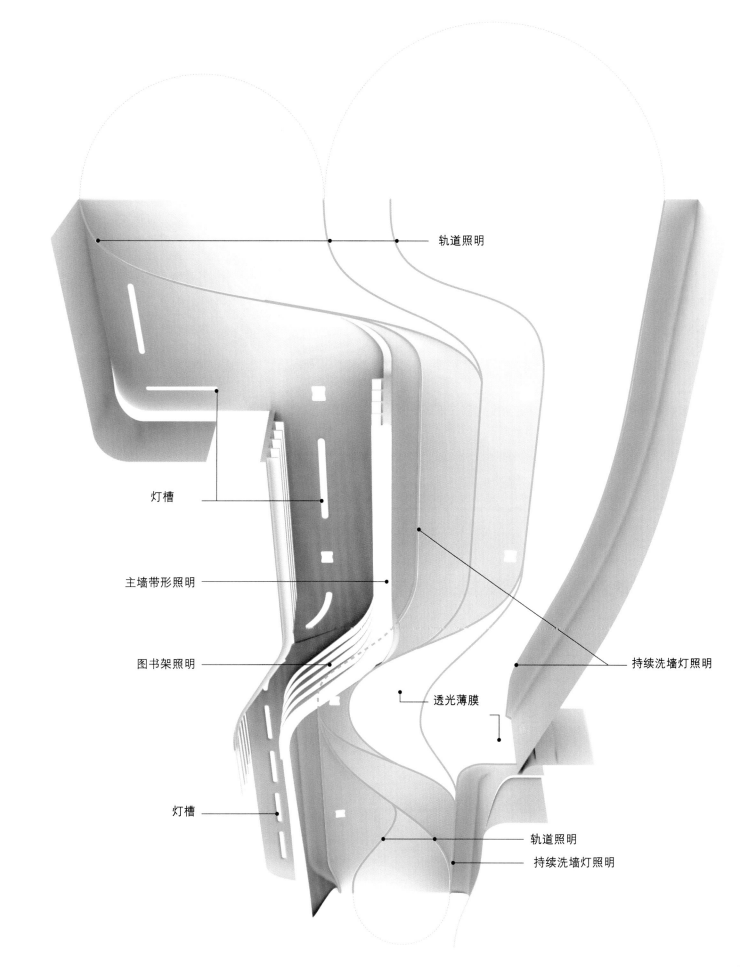

轨道照明

灯槽

主墙带形照明

图书架照明

持续洗墙灯照明

透光薄膜

灯槽

轨道照明

持续洗墙灯照明

整片延伸的光源不仅利用视觉效果平衡了阁楼的比例，仅用灯光就分割了生活和艺术两大空间，同时，也能根据设定变换光影效果，从冷色调到暖色调，还能模拟自然光。

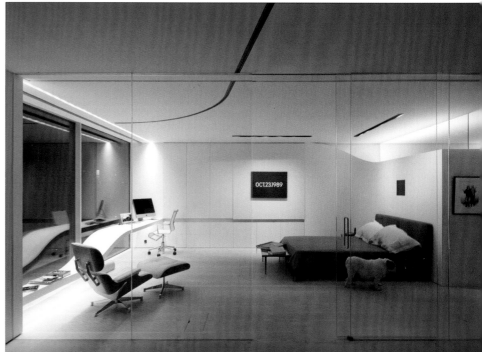

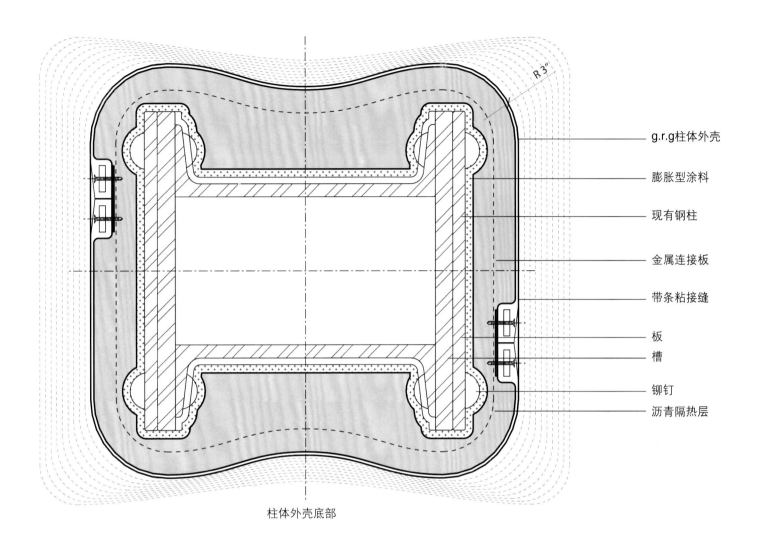

g.r.g柱体外壳

膨胀型涂料

现有钢柱

金属连接板

带条粘接缝

板

槽

铆钉

沥青隔热层

柱体外壳底部

FARO Architects

实验型住房

荷兰，阿姆斯特丹，艾瑟尔堡

照片由Jeroen Musch, John Lewis Marshall提供

荷兰建筑师Pieter Weijnen是FARO建筑事务所的一名合伙成员。该实验型住房是木结构的，位于阿姆斯特丹附近的Steigereiland，是建筑师自己的房子。

整个房子被漆成生机勃勃的蓝色，直接借鉴了附近Durgerdam地区的传统建筑。在设计理念中最重要的一点就是要有足够空间。整个底楼就是一个宽敞的开放式厨房，一端是落地玻璃门，门外是洒满阳光的露台。

一进门，让人们眼前一亮的就是休息室，它整个悬挂在天花板上，就像空中花园。这个奇妙装置底部就像是镀上了铜的鲸鱼腹部，形状像船或者篮子，给下面的空间带来舒适的感觉，同时，将室内环境与室外的大海联系起来。从底楼地面到悬挂休息室顶部高7米(23英尺)。为了优化室内可用空间，建筑师Weijnen决定尽可能地不用承重墙。所以为了确保房屋的稳定性，Weijnen用对接极来作对角线支撑。所有的墙和地板用的都是大型夹层Lenotec云杉木。能源的可持续性利用也是该建筑的一大特点。面朝南边的玻璃窗能够透进充足的阳光，并且能吸收太阳能，为整栋房子供电。空调系统与古老的阿拉伯空调系统一样：暖气是从地下管道抽入房子的，一旦空气冷下来，就继续从地下管道里抽取。露台上的大缸收集雨水，用于洗衣或冲马桶。而且在建筑过程中运用了一整套可循环利用材料。房子前部的梁是来自IJ河的用旧了的对接极。儿童房间的家具是之前用于存放奶酪的架子改造的，而悬浮休息室的镀铜是从一座老教堂的屋顶上取下的。

建筑企划：
FARO建筑事务所
承包商：
Kerkhofs Montagebouw
装潢：
Dick Caarls
技术顾问：
Pieters Bouw Techniek
鲸鱼休息室建造：
Bosgraaf Yacht Design
家庭自动化系统：
Moeller
楼板面积：
207平方米 (2228平方英尺)

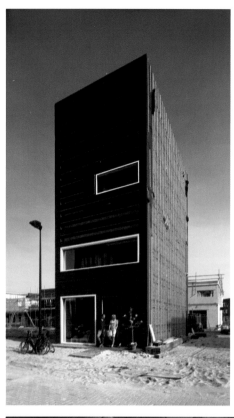

该实验型住房是木结构，位于阿姆斯特丹附近的Steigereiland，是建筑师自己的房子。

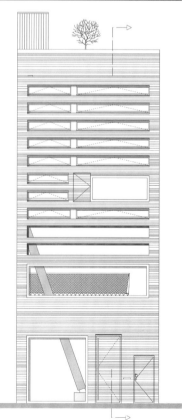

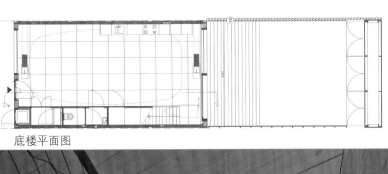

底楼平面图

三楼平面图

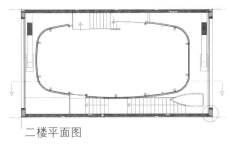

二楼平面图

一楼平面图

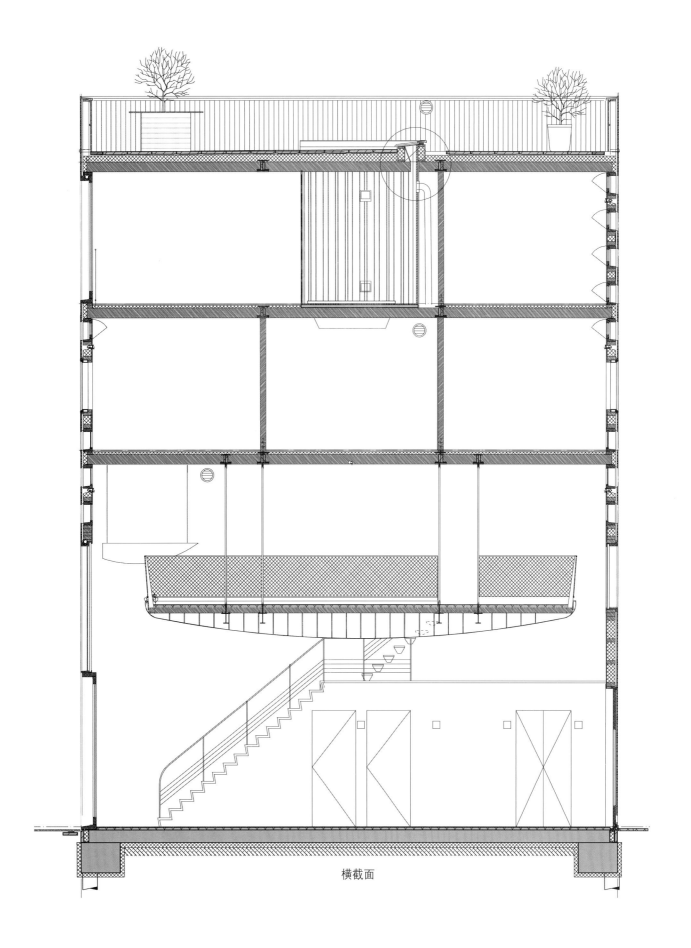

横截面

Ippolito Fleitz Group

Quant 公寓

德国，斯图加特

照片由Zooey Braun提供

Quant公寓是斯图加特一个新的高端住宅项目，由20世纪50年代的一栋实验楼改造而来。为了能向目标人群传达Quant公寓的多样面貌，业主LBBW Immobilien GmbH委托设计师做出几套别具一格的样板间，主要面向单身女性。

在设计和装潢方面，女性元素和感性元素成为关键。紧凑的布局、明确划分的居住区域以及宽敞的房间，在设计中突出了"透"和"广"。

迷人的蛇形楼梯是公寓的核心，并连接着上下两层空间，其余房间围绕着楼梯分散分布。楼梯承载了楼上和楼下两个相辅相成的世界。

卧室、浴室和更衣室等私人房间都在楼上。卧室配备了日常所需的设施，墙面的装修经典而雅致。卧室隔着四扇相同的窗面对着楼下的就餐区域，只要拉上窗帘，楼下就看不到。隔壁的浴室采用横条纹的瓷器装饰。

公寓的玄关处由于安装了镜面衣橱，给人两倍大的错觉。入口正对着的就是楼梯，下方是两层高的餐厅。在餐厅上方的空间被三盏吊灯装饰得美轮美奂。公寓的底层地板，包括客厅地板，全部用自然色调和天然材料。紫丁香色调扶手椅和沿着楼梯的墙纸成为了自然色调中的一抹亮色，就像是玻璃马赛克。夏季，将正面落地窗打开，让整个底楼和窗外的露台合并，感觉棒极了。

建筑企划：
Ippolito Fleitz Group
建筑外形设计：
Wilford Schupp

独具匠心的Quant公寓目标瞄准单身女性，位于斯图加特主要居住区之一，可步行至城市中心。

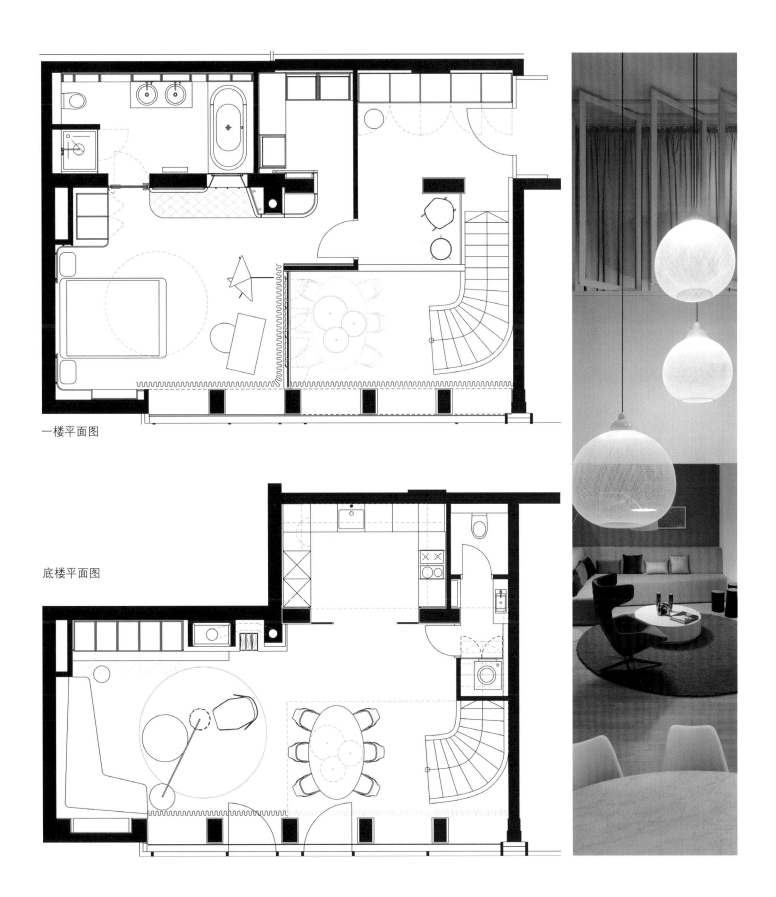

一楼平面图

底楼平面图

卧室的装潢采用纺织品：厚厚的天鹅绒毯、有软垫的白色皮革、精致而华丽的窗帘、床后墙面的印花墙纸、白色的家纺与米白色的家具相互融合。

HASSELL

Ross街住宅

澳大利亚，墨尔本

照片由Shannon McGrath提供

在Robert Mills建筑事务所完成了建筑设计后，由HASSELL建筑事务所负责室内设计。虽然HASSELL已经有了自己的设计方向，但是为了统一建筑的内外风格，仍要和Robert Mills建筑事务所的设计师们共同协作。

该建筑位于图拉克，建在一片宽10米、长44米的场地上，并且建筑物的四面墙都十分贴近场地的边界，和邻居一样，这栋住宅几乎是悬浮在整块场地之上。东西双面朝向使得北边也充满阳光。

底楼除了车库、化妆室和入口之外，就是客厅、厨房和餐厅。建筑靠近场地南边，整个底楼是开放式的，泳池、spa和池塘靠近场地的北边，而花园在西侧。一条长度将近30米的矮架就像是一根脊椎，承载着多种用途。比如，在休息室，架子就当作壁炉的底座，而在厨房，架子就当作储藏柜以及冰箱的底座。

二楼是卧室和浴室等私人空间。主卧及其配套浴室是在一块空间里的。像底楼一样，二楼也有一个矮架，连接着主卧及其配套浴室。

在二楼的建筑外部，普通的外墙由老虎窗格似的凹形条点缀，从外面看不到室内。为了配合城市的环境，建筑的外墙选用了自然的水泥灰。窗台处采用了不同材质，用镀锌门框装饰。车库门以及房门采用了黑色木材，在保持了建筑强度的同时为门面增添了些许温馨。雕塑般的楼梯以及大型细木工件不仅让整栋住宅显得大气，同时也增添了生活的情趣。总的来说，这个项目是通过完美的极简派艺术风格来探索生活。

室内装潢和建筑设计：
HASSELL建筑事务所
合作/建筑企划：
Richard Mills 建筑事务所
楼板面积：
375平方米 (4036平方英尺)

户主希望自己的住宅在墨尔本图拉克枝繁叶茂的环境中能够体现出城市的特点。建筑的设计既大气又贵气，但设计的宗旨始终是用空间来诠释简洁。房间互通的同时也保证了功能的齐全。

在长方体的建筑外形之下，一条长度将近30米的矮架就像是一根脊椎，连接着各个生活区域，承载着多种功能。

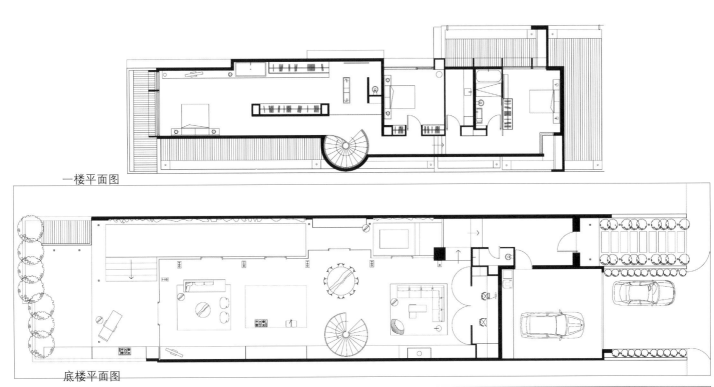

一楼平面图

底楼平面图

螺旋式楼梯带来一种雕塑的美感，同时也将视线引向二楼的空间。

主卧的配套浴室并非为了划分空间，而是一处用来展示淋浴房以及石制洗手盆的开放空间。

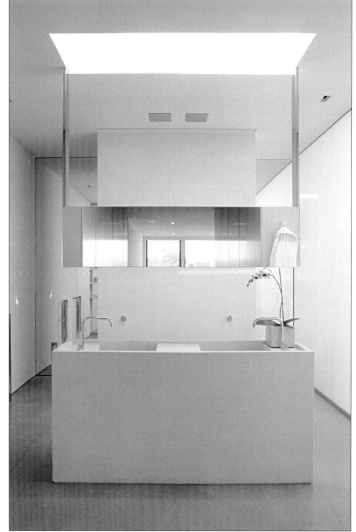

Vallo Sadovsky architects

复式阁楼公寓

斯洛伐克，伯拉第斯拉瓦

照片由Vallo Sadovsky建筑事务所提供

建筑企划：
Vallo Sadovsky建筑事务所
楼板面积：
180平方米 (1938平方英尺)

在伯拉第斯拉瓦中心一个住宅区内，原先四层高的住宅楼顶上又人工加盖了复式阁楼。

这栋复式阁楼公寓位于伯拉第斯拉瓦中心Pribinova区的主要交通要道上。在这里，城市发达的脚步不曾停歇，可是土地的面积却极其有限，所以要满足人们的需求，只能通过在原有的楼房顶部加盖楼层之类的办法。

由于临近交通主干道，环境喧闹，而且汽车尾气排放严重，要使公寓内部与外部的噪音和废气隔绝是该项目的主要难点。建筑师将复式阁楼的外墙向内移动了1.2米 (3英尺11英寸)，这1.2米宽的空间用来作露台，种上绿色植物，创造一个绿色过滤器。这一缓冲隔离区的作用就是在隔绝噪音的同时还净化了空气。而且植物也形成了一道屏障，保护了居住者的隐私，也将室外繁忙的环境隔离在外，省去了家家户户必备的百叶窗。

室内的客厅、餐厅和厨房空间都是开放的，绿化带后的玻璃也为室内增添了光泽的外表。在住宅的另一端是一个更大的露台，对立的两个露台也让室内整个空间通透明亮，通风效果极佳。复式阁楼公寓的楼梯下方是厨房与储藏室，阁楼楼梯口处摆放了木制雕塑。主卧在公寓下层，而书房、桑拿间和两个卧室在阁楼上。

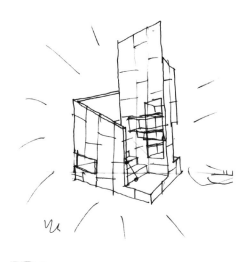

由于临近交通主干道，环境喧闹而且汽车尾气排放严重，要使公寓内部与外部的噪音和废气隔绝是该项目的主要难点。建筑师将复式阁楼的外墙向内移动了1.2米 (3英尺11英寸)，这1.2米宽的空间就用来作露台，种上绿色植物，创造一个绿色过滤器。

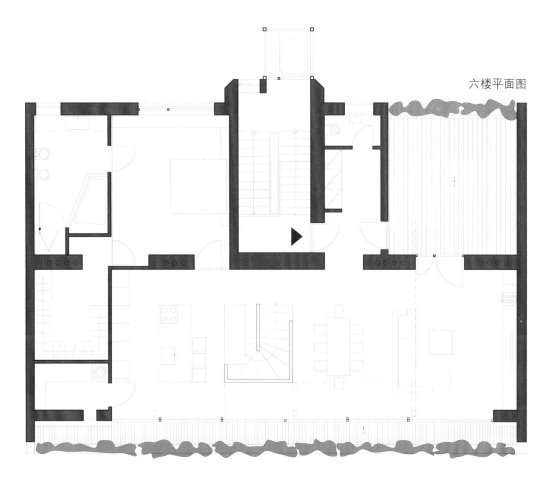

六楼平面图

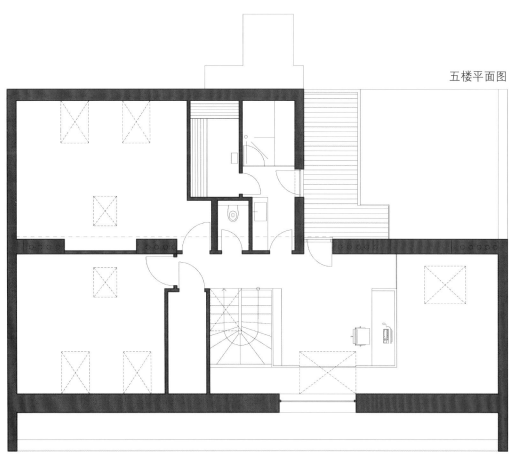

五楼平面图

复式阁楼公寓的楼梯下方是厨房和储藏室，楼梯使用的是雕刻的木材。

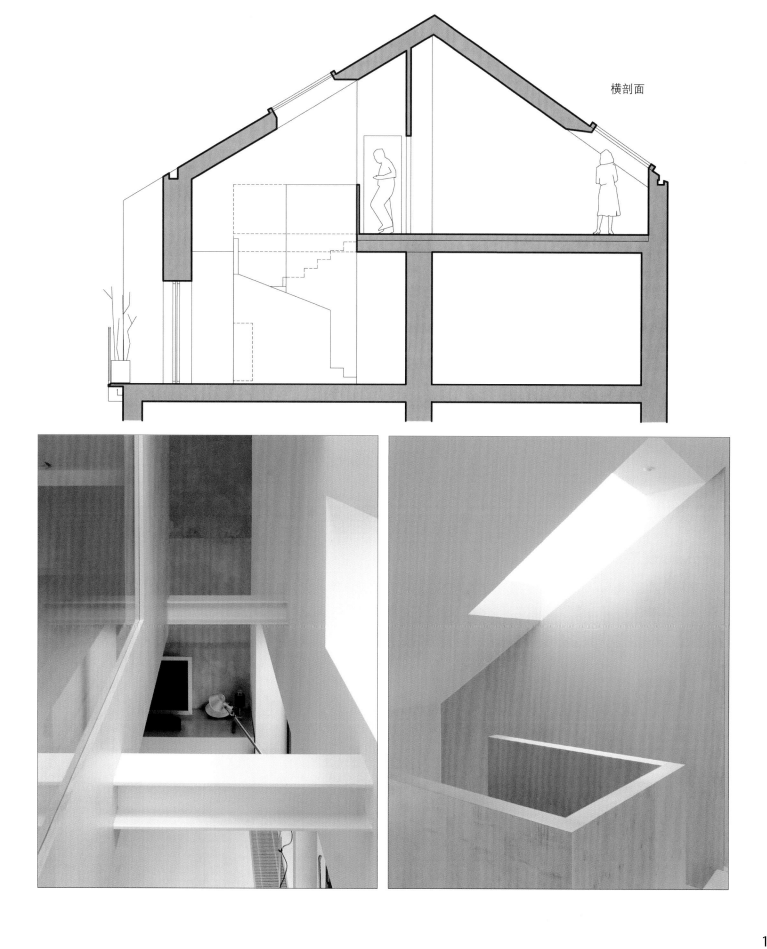

横剖面

Sand Studios

449 Bryant

美国，加州，旧金山

照片由Sand 建筑工作室提供

建筑企划：
Sand建筑工作室

　　该项目是典型的城市建筑再利用。一栋原本要被拆除的三层楼仓库改造后焕然一新，成为了一栋当代住宅、办公室/工作室以及机械工厂三者的结合。原始的建筑外墙得以保留，同时也引进了新鲜元素，一些普通的物件也被改造一新：门使用了金属材质，极具创意的细节以及照明也为住宅增添了不少亮点。由于整栋住宅的改造运用了环保以及能够回收的材料，所以大部分物件都是在楼下的车间完成的，尤其是金属制品。当代极简艺术和源自20世纪40年代的建筑风格互相碰撞，使得室内风格交错，既深远，又有趣。

　　通风管道被完全取代，但是混凝土和木材无法隔音，所以这些材料经过了考古手段处理，比如打磨、喷砂、密封。本来的隔板被拆除，使空间更开阔。在二楼，机械工作室和办公室之间的门需要使用钢筋混凝土，并利用平板玻璃的透光性增加房间的亮度以及透明度。而12英尺的钢筋混凝土墙、ipe再生木板和玻璃看起来就像是悬空在仓库上方。通过维护、重新考虑以及技巧性的选择，建筑师在同一栋建筑中融合了两个时代的风格。优雅的钢制细节装饰与钢制的窗框相呼应。设计师用二手健身房的地板来代替已有的地板。新装修的墙和已经老旧的建筑外立面这两种风格在没有任何缓冲的情况下互相冲撞，造就了独特的韵味。

　　由于建筑本身高度足够，住宅的大门使用的是特地定制的门，高达10英尺和12英尺的门板整个都是烟灰色的，隐藏了内部足够的储存空间。大门利用了钢和玻璃的可塑性，结合了结构和磨砂玻璃，使得光线能够照亮狭窄的门廊。在主要居住空间，Boffi的不锈钢厨具和原始的地面相对立。户主自己制造的蒸馏咖啡机点缀了厨具金属质地的美感。

　　设计师在卧室和楼梯处适当地运用了天然的石头。主浴室由一扇天窗照亮，地板使用的是卡拉拉瓷砖，让人联想到20世纪40年代的浴室。门后一整面镜子和壁橱上的镜子使得浴室的空间更大，更具戏剧色彩。倾斜的浴室地面不再需要水槽，整个浴室没有一处多余的设计。

　　在办公室的浴室里，深色玄武岩突出了金黄色的地板和混凝土墙面。一个精致的金属架支撑着水槽，整个嵌入在一块花岗岩巨石中。墙边的凹槽中安装了背光灯，灯打亮时突出了墙面粗糙的质地。

该项目是典型的城市建筑再利用。一栋原本要被拆除的三层楼仓库改造后焕然一新，成为了一栋当代住宅、办公室/工作室以及机械工厂三者的结合。

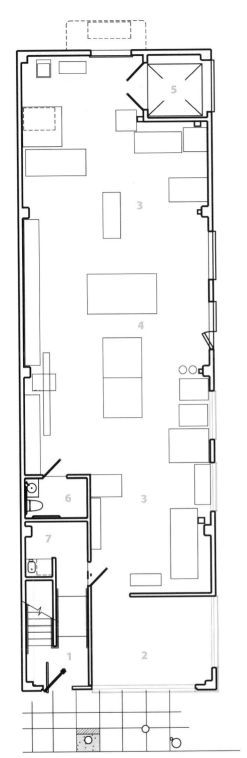

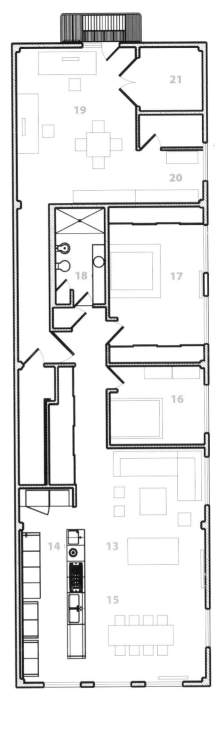

底层平面图

1. 入口/玄关

2. 会议室

3. 制造车间

4. 焊接间

5. 货运电梯

6. 浴室

7. 小厨房

一楼平面图

8. 办公室

9. 卫生间

10. 图书馆

11. 小办公室/非正式会议室

12. 货运电梯

二楼平面图

13. 客厅

14. 厨房

15. 餐厅

16. 卧室

17. 主卧

18. 浴室

19. 上层办公室

20. 储藏室

21. 货运电梯

在这套住宅中，随处可见天然材料和简洁的意大利设计。设计师用再利用的不锈钢药柜来储存餐厅玻璃器皿等餐具，保存了两个时代的特色。

主浴室由一扇天窗照亮，地板用的是卡拉拉瓷砖，让人联想到20世纪40年代的浴室。门后一整面镜子和壁橱上的镜子使得浴室的空间更大，更具戏剧色彩。倾斜的浴室地面不再需要水槽，整个浴室没有一处多余的设计。

AtelierTekuto

OH别墅

日本，东京

照片由侧岛俊博提供

这栋建筑所处的场地面积非常小，而且不规则，还比路面低了1.5米。户主的主要要求就是希望能够有一个停车位。建筑师设计了一块停车区域，上方用铁丝网，这样光就能从铁丝网透入地下车库。从下面看，车子就像是漂浮着的。别墅有六人居住：顾客本人和他的妻儿，还有其父母和一个姐姐。

别墅的入口位于底层较低的地方，通过几节楼梯就可到达地下停车库。底楼有两间卧室，另一端是一间浴室。入口处面对的楼梯通向家庭生活区。

底楼的客厅占据了整个楼面，为了将这个空间最大化，设计师采用了没有脚的家具，餐桌是悬挂在天花板上的。该建筑的一大设计难点是要在联系室内外两个空间的同时保障室内的隐秘性。建筑师评价说："要满足客户要求，使得室外看不见室内，我们选用了尽可能大的窗户来保证通风条件，所以窗户的位置对这栋建筑来说是至关重要的。"受到外墙面和原本场地形状的约束，建筑本身是非矩形体的不规则形状，给人一种难以估量面积的错觉。在一楼和二楼中间的楼面有一间卧室，该卧室从内部看，感觉空间比从外部看来得更大些。

建筑企划：
山下保博

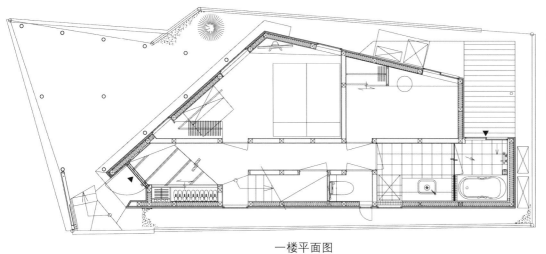

在一楼和二楼中间的楼面有一间卧室,由于建筑不规则的形状,该卧室从内部看,感觉空间比从外部看来得更大些。

一楼平面图

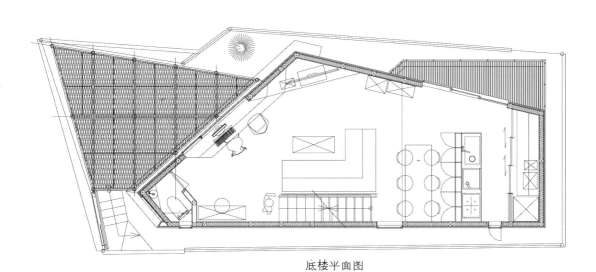

底楼半面图

住宅客厅拥有足够的面积,建筑师山下说:"当我们进入一个空间时,会下意识地根据楼层高度来判断空间大小。"

地下平面图

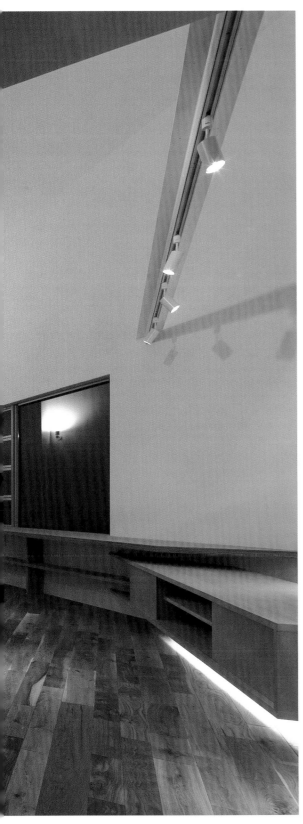

别墅有六人居住：户主本人和他的妻儿，还有其父母和一个姐姐。

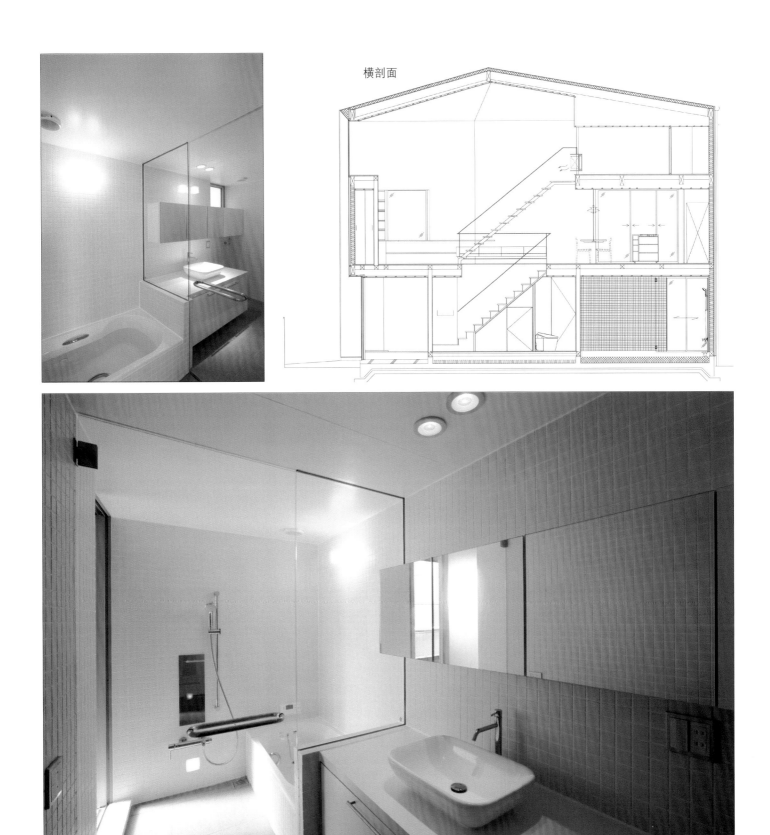

横剖面

Josep Miàs - MiAS Arquitectes

折纸别墅

西班牙，赫罗纳，Caselles d'Avall

照片由Adrià Goula提供

这套别墅位于西班牙赫罗纳郊区的一处新开发的住宅区，地势倾斜幅度较大。建筑师从地形本身吸取灵感，在设计过程中，不断重复画着住宅所处的地形，最终设计出来的建筑就像是折纸一样，能够根据地形展开。建筑师也"发现"了原有墙壁的布局，并在这些墙壁之上和相互之间创造出可居住的空间。

包括家庭公共区域在内的主要生活区域位于房子的中央，厨房、餐厅、客厅都围绕着主要生活区域，楼上是书房和工作室。空间的设置和窗外远处的风景保持和谐的格调。相邻两个空间的墙壁(也就是作业线)设计有些复杂：下沉式车库上方的空间是儿子的玩耍空间；家长晚上活动的区域包括卧室和一间会客室，位于中间层；而女儿的活动空间是一间半下沉式的房间，窗户与室外游泳池的水平面齐平。

建筑师通过和客户不断磋商，并采纳他的意见，对这个错综复杂的空间有了深入的了解。几乎每天，建筑师都要和户主讨论，共同做出决定，他们都积极地希望完成对这个项目的挑战。双方经过不断努力，最终建成了这个由不同体积拼接的大别墅。

整个设计过程中有许多反复的过程，但同时灵活度也很大。建筑师通过倾听来自户主和承包商的反馈，不断地调整设计方案。最后的建筑无需复杂的结构技术，仅仅是用最普通的建筑方法就完成了这栋能够居住、享受并能和住户产生共鸣的别墅。

建筑企划：
Josep Miàs-MiAS Arquitectes
设计团队：
Horacio Arias, Lluís Carballeda,
Marta Cases, Bárbara Fachada,
Carlota Martínez, Orlando Melo,
Marco Miglioli,
Carolina Momparler, Alejandra Vázquez.
设计顾问：
Àlex Palacios (项目总监);
José Carrasco (结构计算)
占地面积：
500 平方米 (5382 平方英尺)

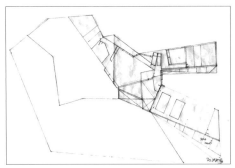
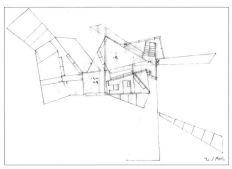

建筑师从地形本身吸取灵感。在设计过程中，设计师不断地重复画着住宅所处的地形，最终设计出来的建筑就像是折纸一样，能够根据地形展开。

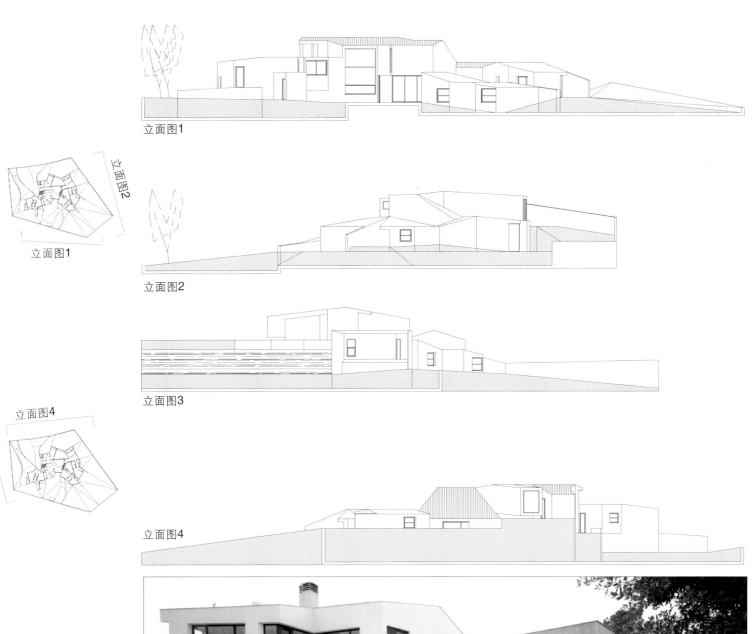

立面图1

立面图2

立面图1

立面图2

立面图4

立面图3

立面图3

立面图4

书房平面图

排屋

客厅卧室平面图

停车库

相邻两个空间的墙壁（也就是作业线）设计有些复杂：下沉式车库上方的空间是儿子的玩耍空间；家长晚上活动的区域包括卧室和一间会客室，位于中间层；而女儿的活动空间是一间半下沉式的房间，窗户与室外游泳池的水平面齐平。

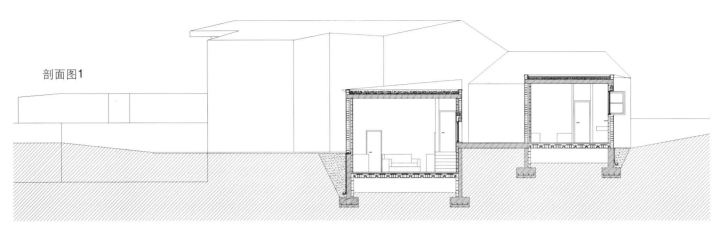

剖面图1

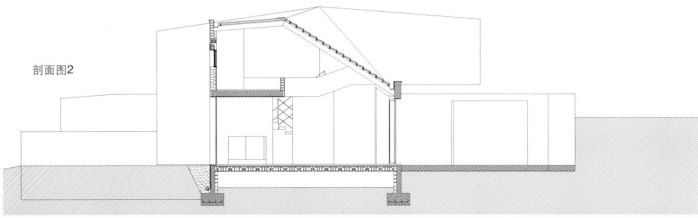

剖面图2

Denis Kosutic

系列十之二

奥地利，维也纳

照片由Lea Titz提供

建筑企划：
Denis Kosutic

　　在维也纳分布着十处新式公寓式酒店。这套公寓建筑面积为80平米 (861平方英尺)，是这个系列十之二。

　　该套公寓的设计理念是"Doris Day遇见Marie Antoinette"。系列十之一公寓的设计理念是"混搭"，设计过程中运用了简单的功能性家具元素来定义空间，并且配上幽默的装饰。系列十之二的设计过程与一的设计过程相同。核桃细工家具 (代表着Doris Day的世界) 限定了空间，而柔软的纺织品装饰挂在高处 (代表着Marie Antoinette的世界)，不仅使整个空间更有生气，也为设计增添了个性。房间的空间布局清晰明了，但是色调却随意而柔和，墙壁、灯光支架、装饰、门以及窗帘运用了不同的色彩，不仅只有黑白色。

　　室内的色彩是设计的亮点：以白色和柔和的色调为主，让人联想到冰激凌和棉花糖。同时，有了深色核桃木家具和黑色法国蕾丝，为柔和的色调增添了一份稳重的气息。家具和布艺设计中使用了巴洛克的家具风格，增添了一股复古的情调，让人产生怀旧的感觉，单纯而诱惑。不同风格的材质与形式互相碰撞，并产生了意料之外的和谐，也是超现实主义与自我意识具有讽刺意味的结合。

不同材质的混搭和形式的变化使整个屋子更加个性化。不同风格的碰撞达到了新的和谐，也是超现实主义与自我意识具有讽刺意味的结合。

家具和布艺设计中使用了巴洛克的风格，增添了一股复古的情调，让人产生怀旧的感觉，单纯而诱惑。

室内的色彩是设计的亮点：以白色和柔和的色调为主，让人联想到冰激凌和棉花糖。同时，也运用了深色核桃木家具和黑色法国蕾丝。

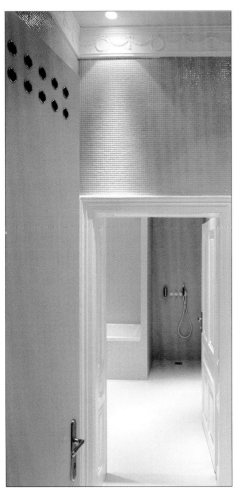

John Friedman Alice Kimm Architects

国王住所

美国，加利福尼亚，圣莫尼卡

照片由Benny Chan提供

国王居所位于圣莫尼卡的日落公园附近。距离海滩1.6公里 (1英里)，由Matt、Erin King 和他们的两个孩子共同居住。

房子所处地势微微倾斜，并且在一块楔形角落处。设计师避免了标准的前院或私人后院的结构，而是在客厅以及卧室外设计了一个较大的露天庭院，是花园，也是入口的地方，面向大街以及别的住宅。由于这种设计布局，整个家庭的公共和个人生活都像是在向外人展示一样，这也是典型的国王生活。孩子们喜欢从卧室或是客厅招呼朋友进来，到二楼玩耍，而Matt和Erin也因为有朋友和邻居随时来访而和居民更加亲近。

房屋的设计使得主人和邻里间的关系紧密，但是，这毕竟是一个家，必须在对外公开和保持隐私之间找到平衡。从房屋的结构来看，房子的横截面是一个楔形，从室外能够通过开放的庭院看到室内的生活，楔形平面的一部分用于庭院，所以剩余的部分就形成了一个L形。整个结构也可以看成由一系列垂直和水平的平面组成。我们可以看到房子绿白相间的水泥板墙微微向内弯曲，既有掩护功能也有保密功能。客厅和会客厅的屋顶也模仿地势，微微倾斜，从视觉上显得更稳固。

这些特质也让房子能够和周边环境更好地融合。为了填补街角的空缺，整栋房子位于整条街道末端，而不是和其他的邻居挤在一起，体现出了国王的谦让以及大度。

建筑企划：
John Friedman Alice Kimm Architects
项目建筑师：
Bob McFadden
承包商：
Anthony Bonomo
占地面积：
400平方米 (4300平方英尺)
包括能停放两辆车的车库

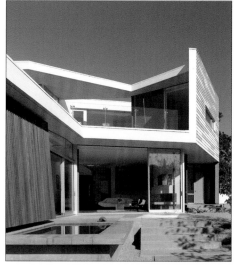

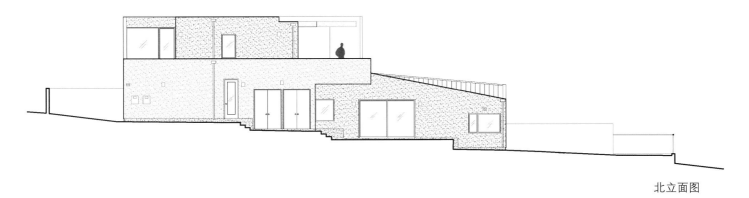

北立面图

房子的里外设计既严谨又随意，营造出灵活、开放、亲近邻里的生活氛围，同时也采用了多种精致的材料和多处细节设计。

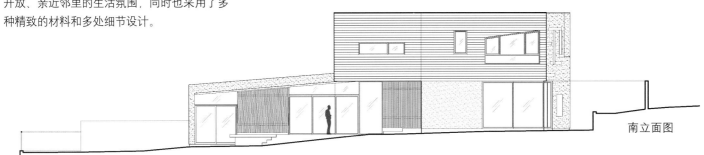

南立面图

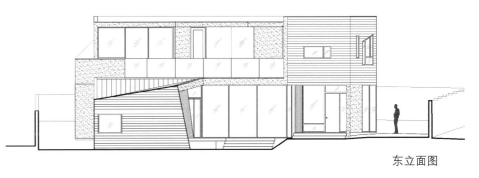

东立面图

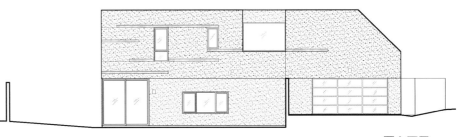

西立面图

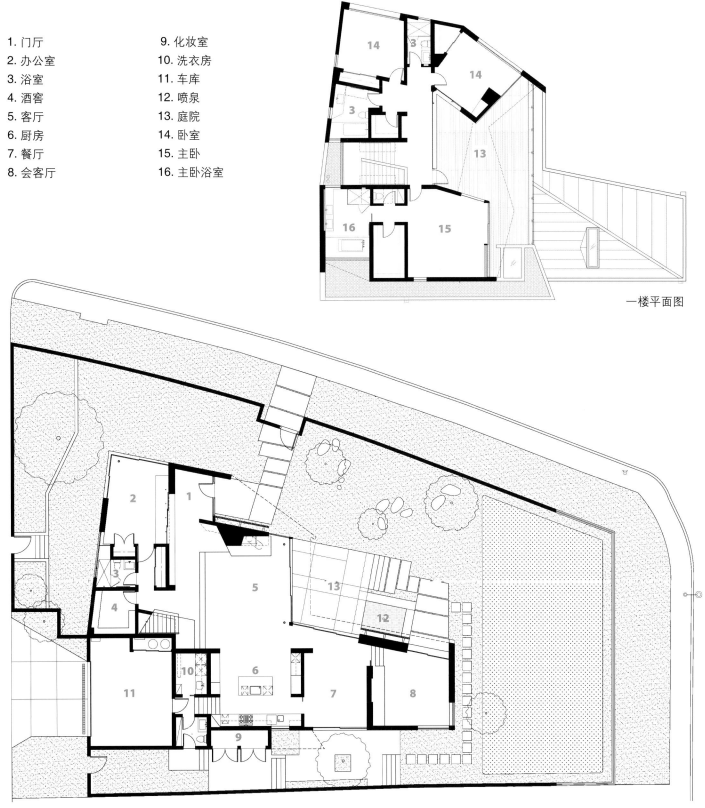

1. 门厅　　　　9. 化妆室
2. 办公室　　　10. 洗衣房
3. 浴室　　　　11. 车库
4. 酒窖　　　　12. 喷泉
5. 客厅　　　　13. 庭院
6. 厨房　　　　14. 卧室
7. 餐厅　　　　15. 主卧
8. 会客厅　　　16. 主卧浴室

一楼平面图

底楼平面图

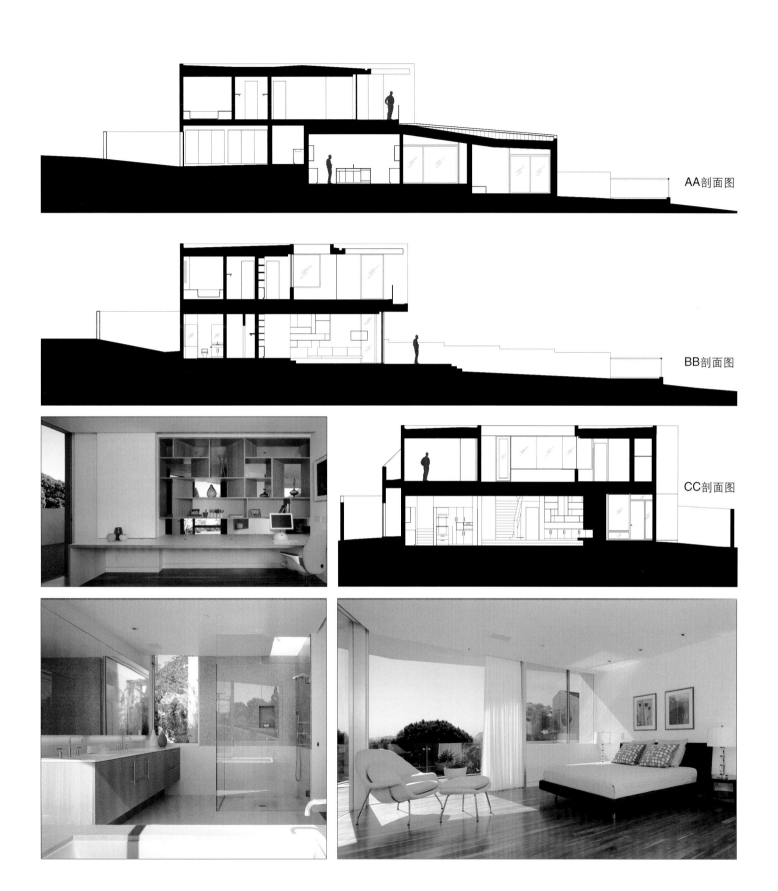

AA剖面图

BB剖面图

CC剖面图

Masahiro Kinoshita, Yuka Tsukano / KINO Architects

角落的房子

日本，东京

照片由昌宏木下提供

该项目是为了改造一套公寓。在改造前，公寓的布局是典型的日本式"2DK"房型，这有两间卧室、与厨房一体的餐厅、一间浴室、一间卫生间。在东京，大部分人的住宅都是这种布局，但是对于现代城市来说，这已经过时了，而且显得呆板。

为此，KINO的建筑师为公寓设计了"白色空间"和"木制空间"，打破了原本僵硬的2DK模式。

白色空间由厨房、卫生间、浴室和洗手盆等通水的部分和一排壁橱组成，所占面积是根据供水设备所占空间、总体储存面积和居住者的体型来确定的。没有在东京居住过的人很难想象这里居民每天的生活空间有多小。为了在这么小的面积内保证房屋功能的齐备，布局就必需紧凑，所以才有这么多人选择2DK这种实用的房型。为了避免这种老套的布局形式，设计师将每日必需的设施聚集在一块区域，以满足新生代的需求。

木制空间是为了突出灵活性。所以KINO的设计师设计了一片L形的区域，这样布局还能根据居住者的要求将L形区域分为2—3个小空间，所以这套公寓适合同时进行多种活动，不仅整体环境更舒适自然，也互不影响。

多亏设计师将"白色空间"和"木制空间"有机地结合，才使得这套公寓集聚功能性和灵活性于一体，而没有几套公寓能达到这样的效果。

建筑企划：
昌宏木下，由佳家野 (KINO建筑事务所)
室内净高：
2.4米 (7.87英尺)
楼板面积：
42.8平方米 (461平方英尺)

木头虽然保存年限不像其他材料那么持久，但却很灵活，能够根据设计的要求而变化造型。"木制空间"所具有的灵活度为将来的改造工程提供了方便。

改造前

201室/改造目标　　　户主个人空间

二楼平面图

101室　　　户主个人空间

一楼平面图

改造后

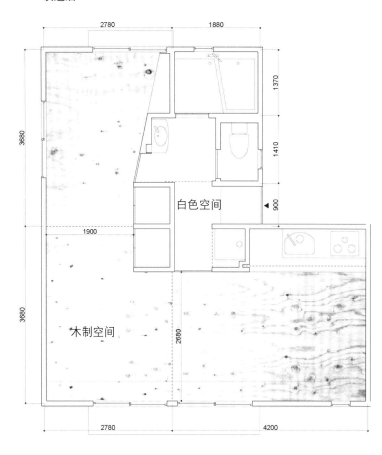

2780　　1880

3680

1370

1410

白色空间

900

木制空间

1900

2680

3680

2780　　　4200

由两片空间组成的新设计方案代替了老套传统的布局。

未来的改造方案

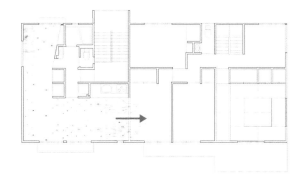

Interior elevations

白色空间

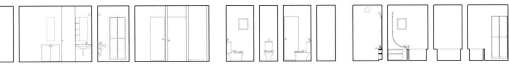

L型木制空间能够根据户主需求
划分为几片区域。

木制空间

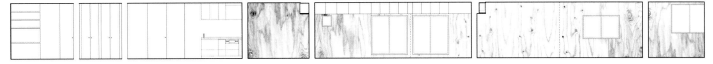

mA-style

龙猫的房子

日本，牧之原

照片由mA-style提供

　　1988年，早尾宫崎骏将日本非常流行的故事成功制作成动画《龙猫》。龙猫多多洛是森林之神，其中最大的一只大龙猫住在一棵巨大的樟脑树中，多多洛在日本的影响力相当于维尼熊在英国的影响力。

　　住宅位于牧之原平原东边的山谷底部一片密集的住宅区，平原上种满了茶叶和稻谷。设计师造访这里的时候，注意到了山丘树下的一片圣地，这让他们联想到了小时候看过的多多洛的故事。

　　建筑师认为，不断发现和再发现的快感组成了生活中很重要的一部分，尤其是在一片远离城市喧嚣的山谷中。建筑师们不是在设计建筑，而是在编织一个故事。生活是由无数个梦境组成的。

　　密集的居住区为通风和采光造成了一定难度，但是在森林中，空气和光在树根、土地和大气中，在一楼和二楼间不断循环。所有的房间都与树干连接，这让我们想起了在多多洛的树林中一直看到的情景。

　　一圈长凳围绕着多多洛的树，和树之间保留一定的空间保证自然光和空气的流通。在楼上，人们可以坐在长凳或地上，腿自然垂下，从楼下也能看见。长凳既是窗户，也是桌椅，功能真多呀！虽然总楼面面积不大，但是却分割成了多个空间，每个房间都是一房多用的。楼下的人可以看到谁在楼上，猜猜他们在干什么。整栋房子给人一种多多洛随时都有可能出现的感觉。建筑师说，这栋房子是一个愉快的新开始。

建筑企划：
mA-style (笃川本和真弓川本)
场地面积：
123.94平方米 (1334平方英尺)
建筑面积：
53.60平方米 (577平方英尺)
总楼面面积：
106.55平方米 (1147平方英尺)

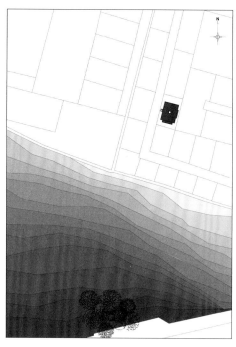

在这栋住宅区，建筑与建筑之间的距离很小，每栋建筑的场地几乎没比楼板面积大多少，所以要有良好的通风和采光系统才能实现这个异想天开的设计。

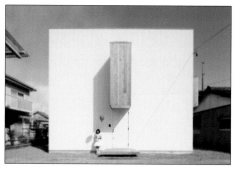

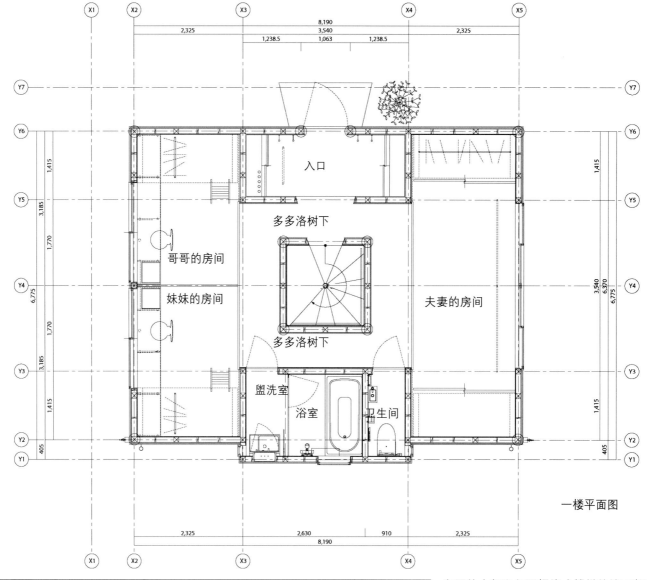

一楼平面图

房屋的支架和包围螺旋式楼梯的墙面都采用了红杉松。设计师运用了粗糙的墙面，提高其与多多洛的树之间的相似度。让人觉得多多洛的树似乎真的存在。

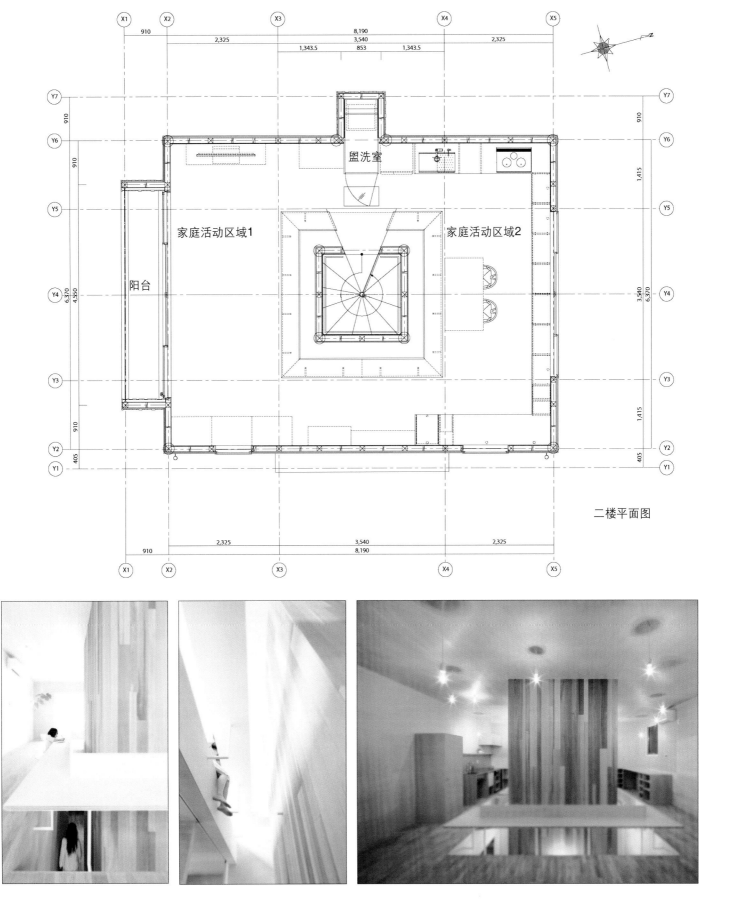

二楼平面图

螺旋式楼梯位于房子的几何中心，周围围绕着柱廊，划分着周围空间。光从"树"顶（天窗）沿着螺旋式楼梯倾泄而下，照亮了整栋房子。自然光线根据一天中不同的时段而变化，就像我们在一天中不同的时段会做不同的事：可以在楼上享受家庭生活，或者回到楼下各自的房间睡觉。

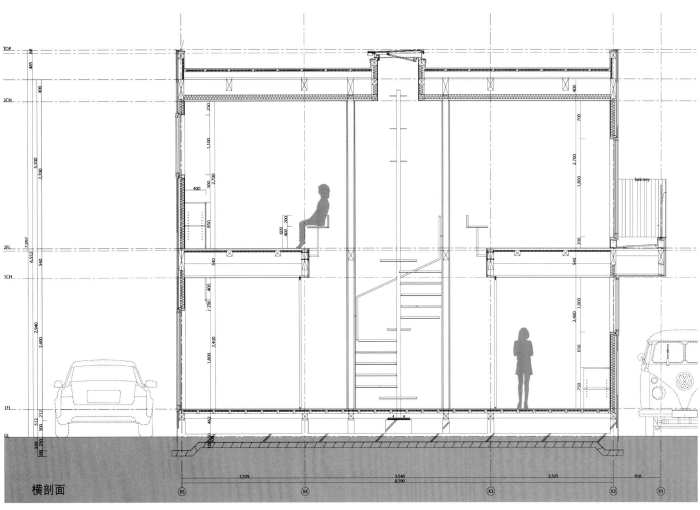

横剖面

Simone Micheli

Micheli居所

意大利，弗洛伦萨

照片由Juergen Eheim提供

塔斯卡尼建筑师Simone Micheli和他的妻子Roberta、儿子Cesar住在弗洛伦萨，他们的家是Simone亲自设计的，用他的设计理念来说，就是现代化的浮华。在"第30届哥伦比亚建筑大会"上，Simone Micheli说："奢华并非指那些不能移动的建筑或是我们的生活习惯，而是一种自由和敢于作出改变的精神，是一种能够点亮生活而令人心动的想法。有了这种想法，那么我们不论身处何处，随时都能改变我们的生活方式，重新创造我们的生活环境。在建筑中，新奢华理念就代表着用内心重新体验我们生活中的真善美。这种奢华是无形的，心灵层面的，肉眼看不见的。这种奢华意味着重新诠释、编织梦想、不求回报的大爱。这种奢华意味着在不破坏的基础上再创造，带着极高的伦理道德创新，成为健康和美的温床。Micheli在伦理内容的基础上建造了奢华的理念，这理念溶解了与传统的纽带，创造出丰富的精神世界，在这种精神的支撑下，生活中一切多余的事物都如浮云一般。"

Cesar、Roberta和Simone Micheli的房子90%的建筑材料是环保材料，这体现了建筑师的理念，即"以伦理为基础的奢华"。这一理念在他的每一处设计中都得到了验证。Simone将房子中原先一处具有怀旧气息的19世纪风格的装潢改造一新，使之成为了更符合这个都市家庭生活习惯的活动空间。

这间客厅充满了童趣，配上设计简洁的家具，既有极简艺术风格，又带着一丝时尚。基础鲜亮的色彩打破了原有的沉闷，绿色的书橱、镜面家具、如同粉色云朵般的沙发以及后墙上方的蜘蛛网顿时赋予了整栋房子生命的气息。这处具有启发性而又出乎人们意料的设计师滋生当代艺术灵魂的土壤，是Simone Micheli的典型设计风格。

建筑企划：
Simone Micheli
楼板面积：
200平方米 (2153平方英尺)

所有卧室和一间浴室位于房子中的一处横断面，色调和整栋房子一样以白色为主。家具带有一些图腾元素，在梦境与现实中徘徊。地毯垫在双人床下方，并且向上90°翻折，形成垄断床头板。床头的墙上挂着一面背光LED灯装饰镜。

Cesar、Roberta和Simone Micheli的房子90%的建筑材料是环保材料，这体现了建筑师的理念，即"以伦理为基础的奢华"。这一理念在他的每一处设计中都得到了验证。Simone将房子中原先一处具有怀旧气息的19世纪风格的装潢改造一新，使之成为了更符合这个都市家庭生活习惯的活动空间。

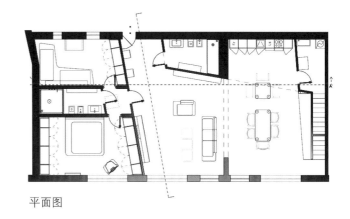

平面图

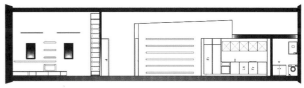

纵剖面

DD剖面图

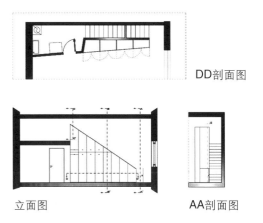

立面图　　　　　　　　AA剖面图

墙皮有些脱落的19世纪旧墙面和平滑的新墙面形成对比。巨大的陶瓷地砖和墙面一样洁白，由生态皮革制作的超现实风格的球形软垫，与天然漆喷刷的厨房、镜子装饰、家具下方的软垫子共同组成了一副充满童趣的画，就像是彩色的泡泡漂浮在无暇的海面。

Zeytinoglu Architects

楼顶公寓

奥地利，维也纳

照片由Angelo Kaunat提供

建筑企划：
Zeytinoglu建筑事务所

建筑师Arkan Zeytinoglu设计的维也纳楼顶公寓楼层面积达到300平方米，楼上是100平方米的露台，享受着楼顶能将城市尽收眼底的优势。公寓的主要空间聚集在楼下，300平方米的面积足够开阔。公寓中包括一个80平方米的spa会馆，其中的造波泳池也能当游泳池。另外还有一间桑拿房和一间蒸汽房。浴室的墙面使用定制的镜面砖，看起来就像是闪闪发光的钻石。

该公寓的一大特点就是室内的墙面和隔板都是倾斜的，与外墙面倾斜角度一致，感觉像是一整片栩栩如生的雕塑。

设计中严格控制了室内的装饰和家具的数量，保证了室内的整洁，同时气氛也显得轻松。家具使用了意大利设计产品和独家定制的产品，独具匠心。平整的墙面使用了技术性材料，与温暖的自然木材和纺织面料交替使用。房间的色调以素色为主，偶然在几处使用了亮眼的红色，红色的重复出现也将整片空间连为一体。室内的每一件家具和装饰都是精心挑选摆放的。

公寓的照明设施运用了LED照明系统，不同风格的柔和光线照亮室内，营造不同的氛围和场合。螺旋形楼梯通向露台，成为了整套公寓的亮点，严谨的设计和浪漫的装潢共同演绎出城市生活的两面性。

公寓的主要空间聚集在楼下，300平方米的面积足够开阔。

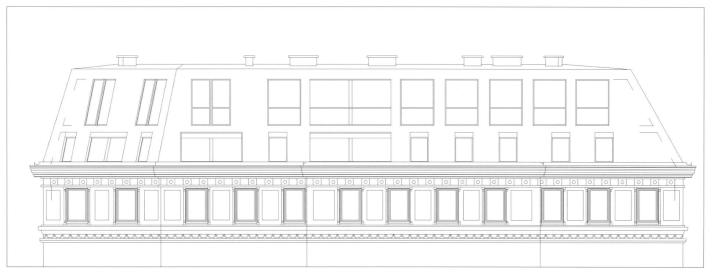

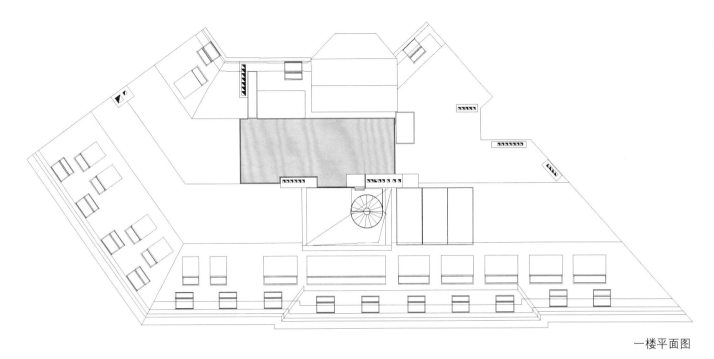

一楼平面图

卧室和其他房间之间的屏障仅
用了一片窗帘，既保证了私密
性，又透出了一股温馨。

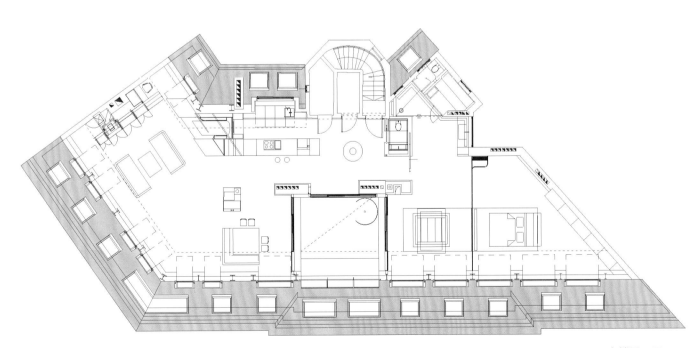

底楼平面图

房间的色调以素色为主，偶然在
几处使用了亮眼的红色，红色的
重复出现也将整片空间连为一
体。室内的每　件家具和装饰都
是精心挑选摆放的。

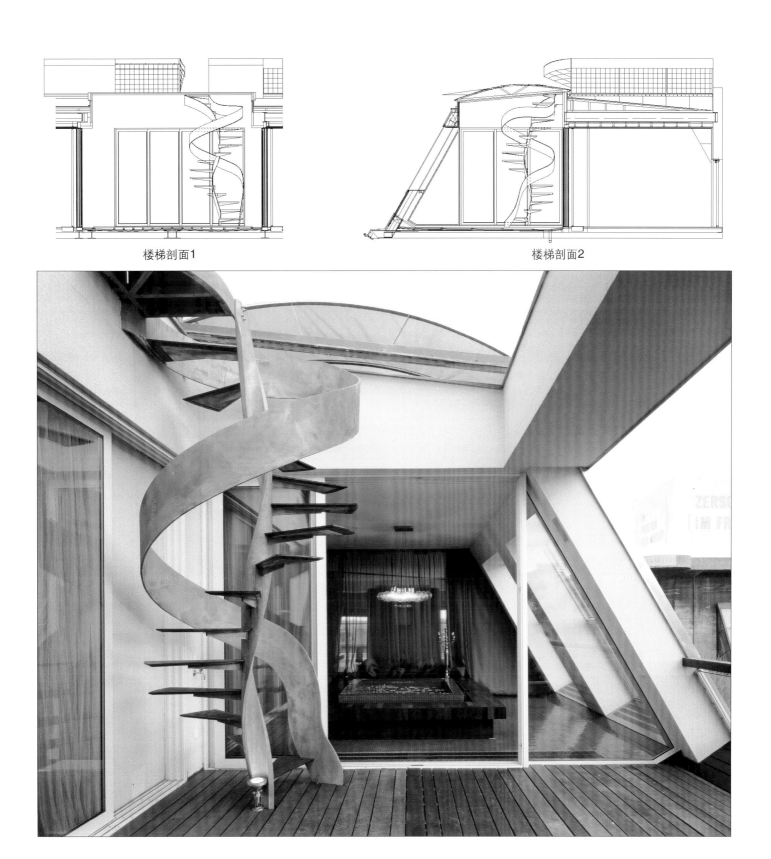

楼梯剖面1

楼梯剖面2

Edwards Moore

舒适小屋

澳大利亚，墨尔本

照片由Edwards Moore提供

建筑师Edwards Moore使用了胶合板和新颖的想法，营造出室内通透明亮又现代化的风格。该项目是为一套公寓加盖一片能够俯视楼下公共游泳池的空间。建筑师为屋子取名"舒适小屋"，并在设计中尽量避免墙和门占据空间，增添了灵活性和可持续性。建筑师在原有公寓楼上加盖了一间卧室和浴室。

楼下主要是公共活动区域。Edwards Moore加高了原来的天花板，厨房的天花板也因此加高了。楼梯口紧挨着厨房，在厨房背面沿着外墙上升。楼梯下方由支柱支撑，从窗外看进来，像是打上了有趣的阴影。入口大厅有一个金色酒柜，而另一面用作化妆间的镜面。

上层的建筑材料主要是钢材，从楼下就能看到楼上天花板的材质。由于楼上有天窗，还有能够俯视游泳池的窗口，所以通透明亮。由楼梯上至二楼，先映入眼帘的是一条通向浴室的走廊，两边摆放着卧室的衣橱。浴室的玻璃面板反射着来自环形天窗的自然光。卧室衣柜由三夹板制成，柜面是金色的镜面材料，整排衣柜能够绕定点旋转，隔出一片新的空间，能够当作客卧或是小书房。在楼上也有一个露天阳台，与卧室相连，露台也保证了屋子良好的通风环境。

Edwards Moore在设计舒适小屋时，大量运用了直线条以及粗糙触感的墙面。房子色调以中性色为主，偶尔会有色彩饱和度较高的自然木材的颜色。装潢材料包括回收石灰木、胶合板、西撒尔琼麻，以及白色混凝土地面。

建筑企划：
Edwards Moore

整栋房子的建筑材料几乎都是回收材料。改造后，室内空间多功能化，更多的自然光使得室内更加明亮。

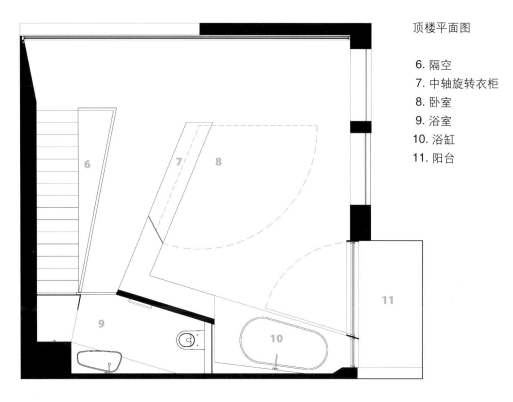

顶楼平面图

6. 隔空
7. 中轴旋转衣柜
8. 卧室
9. 浴室
10. 浴缸
11. 阳台

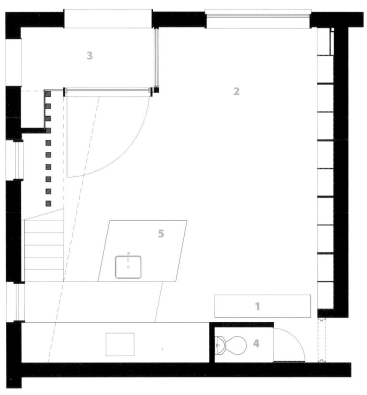

底楼平面图

1. 滑动镜面酒柜
2. 客厅
3. 阳台/庭院
4. 卫生间
5. 厨房

Moore使用了胶合板和新颖的理念，营造出室内通透明亮又现代化的风格。

在加盖时，钢材料运用于挑高的屋顶。在双层挑高处，来自天窗的光照亮了整栋房子，钢制的屋顶和支架为屋顶增添了活力。

ALTUS Architecture + Design

郊区顶层公寓

美国，明尼苏达州，明尼阿波利斯

照片由Dana Wheelock (ALTUS建筑设计事务所) 提供

　　这栋位于六楼的顶层公寓俯视着城市的湖、郊区的零售店以及远处的城市地平线。该项目是为一位年轻的专业人员设计的，公寓被分割成私人区域和公共区域。一道弯弯的白色大理石石灰墙将访客引向客厅，墙后隐藏的是主人的私人区域。入口处看不见主卧，由一面半透明的玻璃挡住，玻璃后还有一块钻孔屏风，在视觉上带来了灵动的效果。这一设计不仅保持了私人空间的私密性，同时，有了从卧室透过玻璃的光线，入口处也不至于太昏暗。由澳洲核桃木制作的悬挂式壁橱在白墙的另一面。从入口到客厅以及厨房的地面采用的是核桃木地板。

　　螺旋式楼梯的周围围绕着定制的钻孔不锈钢筒，通向楼顶夹板和花园。由于楼上的自然光照射下来，螺旋楼梯就像是自然光点亮的灯笼。楼梯的设计灵感源于城市的湖群，通过圆孔来表现每一像素的水，给人灵动的感觉。从圆孔中透过的自然光随着太阳位置的变化而变动，为上下楼梯的过程带来有趣的体验。

　　厨房装修使用了樱桃木和不锈钢架半透明玻璃壁橱，为客厅增添了现代化气息。光线通过半透明玻璃射入厨房后的化妆间，源自落地窗的自然光和玻璃墙面中的反射光在入口处聚焦。

　　在主人的私人空间，浴室装潢使用了独立的伯灵顿石，既坚实又具私密性，同时也将卧室单独隔离在浴缸和更衣室之外。弯曲的走道墙面也能够用作更衣室，布置得如同专卖店。悬挂式的屏障就像是主卧的一件艺术品，同时也允许光线从能够俯视整座城市的落地窗透入。

建筑企划：
ALTUS Architecture + Design
团队：
Tim Alt, Roger Cummelin, Chad Healy
承包商：
Streeter & Associates
楼板面积：
250 平方米 (2500 平方英尺)

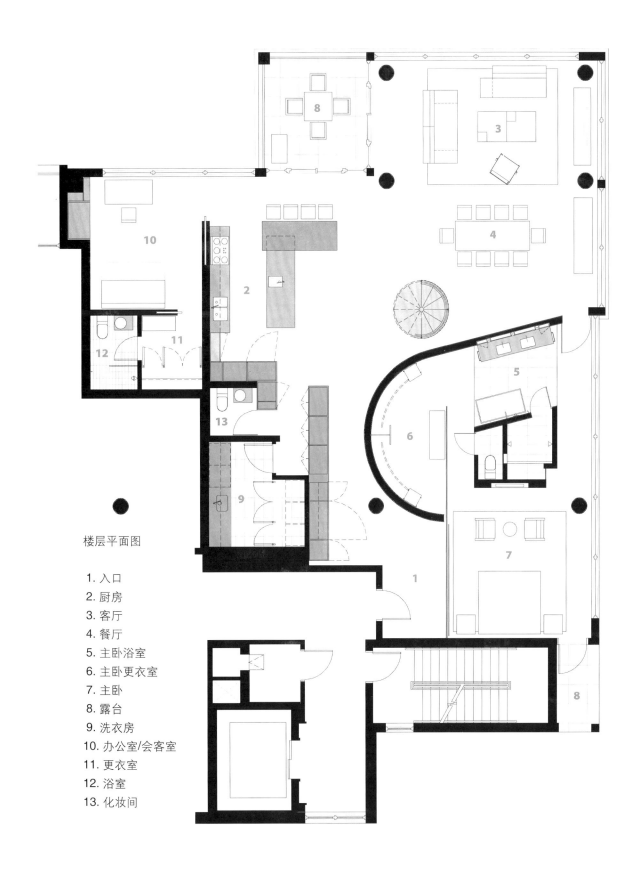

楼层平面图

1. 入口
2. 厨房
3. 客厅
4. 餐厅
5. 主卧浴室
6. 主卧更衣室
7. 主卧
8. 露台
9. 洗衣房
10. 办公室/会客室
11. 更衣室
12. 浴室
13. 化妆间

该项目是为一位年轻的专业人员设计的，公寓被分割成私人区域和公共区域。

由于公寓本身临近明尼阿波利斯湖群，所以设计师的灵感也源自那里的湖水。

处理之后的图：图片经处理后，成为了浓淡点图，代表着湖水。钻孔有三个尺寸，直径分别为3.5英寸、3英寸和2.5英寸。

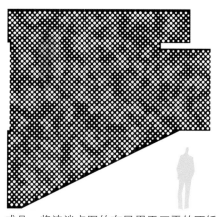

成品：将浓淡点图的布局用于压平的不锈钢板上。通过电脑激光为不锈钢板钻孔。

楼梯的设计灵感源于城市的湖群。

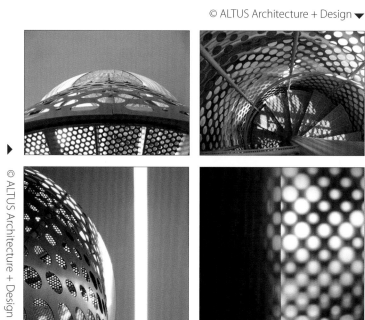

NORM Architects

菲登斯堡别墅

丹麦，哥本哈根

照片由NORM建筑事务所提供

建筑企划：
NORM 建筑事务所
首席建筑师：
Kasper Rnn, Jonas Bjerre-Poulsen

该别墅位于哥本哈根北部，地面倾斜，房子的地面是五块由小楼梯连接的平面。

入口处的走道通向宽大的主楼梯。天花板的不同高度也是一大特点。透过整片落地玻璃窗能看到室外美丽的花园。主楼梯很自然地成为别墅的中心。

别墅中最低的平面是餐厅和小盥洗室。设计师用灰色砖墙将其与厨房隔开，墙的两侧是楼梯。在靠近屋顶的地方有一排小窗，阳光从西边照入别墅，在阳光明媚的午后披上金黄色的色调，又在黄昏时披上温暖的情愫。透过一整片落地玻璃窗能够看到楼下的花园。中间的玻璃窗的宽度与餐厅定制的克丽奈餐桌的长度一样，窗的两侧是两扇面向花园的门。

厨房也是露天的，但是有一部分隐藏的空间，这样主人在准备食物时，客人就看不到里面的零乱。隐藏的小间里有烤箱、通风系统、冰箱、储藏室。厨房位于餐厅的中心，这样方便了主人准备食物并端给客人的流程。

客厅处的屋顶很高，沙发摆放在客厅的一端。巨大的落地玻璃窗外是木制地板露台，空间开阔。室内地板的走势和地势一样分为五块不同的平面，将建筑的室内与室外空间联系在一起。为了营造安宁的环境，建筑师很少用对比强烈的材料，而是就地取材。室外墙面使用了黄瓦、黄砖和漆黑的木材，而室内采用了不经处理的灰色墙面、刷过的自然橡树地板和白色天花板。内外一致的用料让建筑看起来非常和谐和完整。

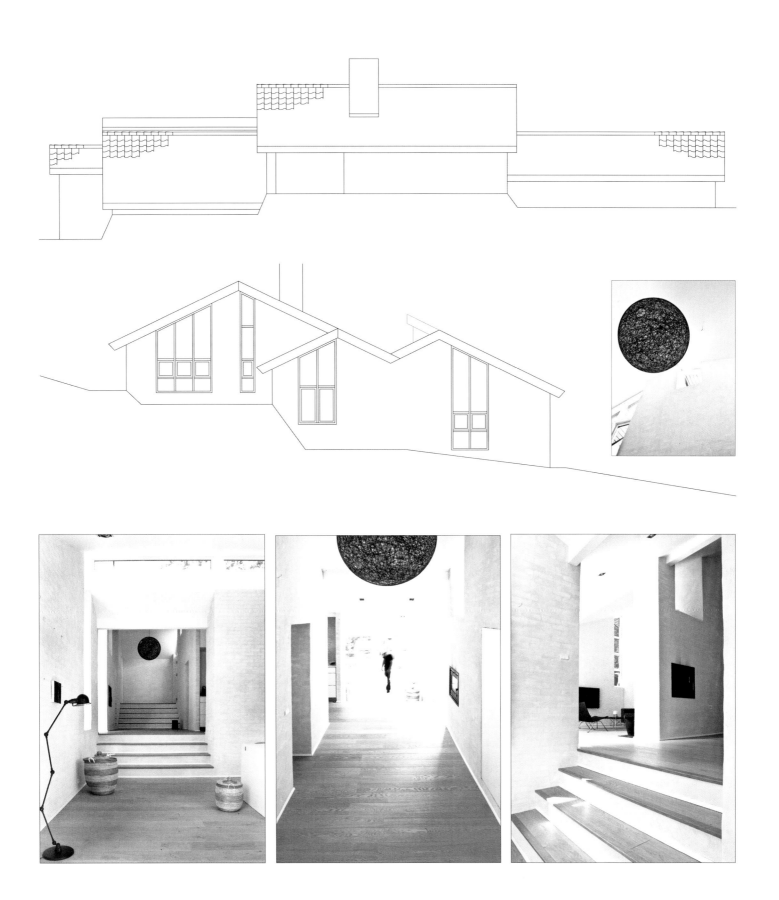

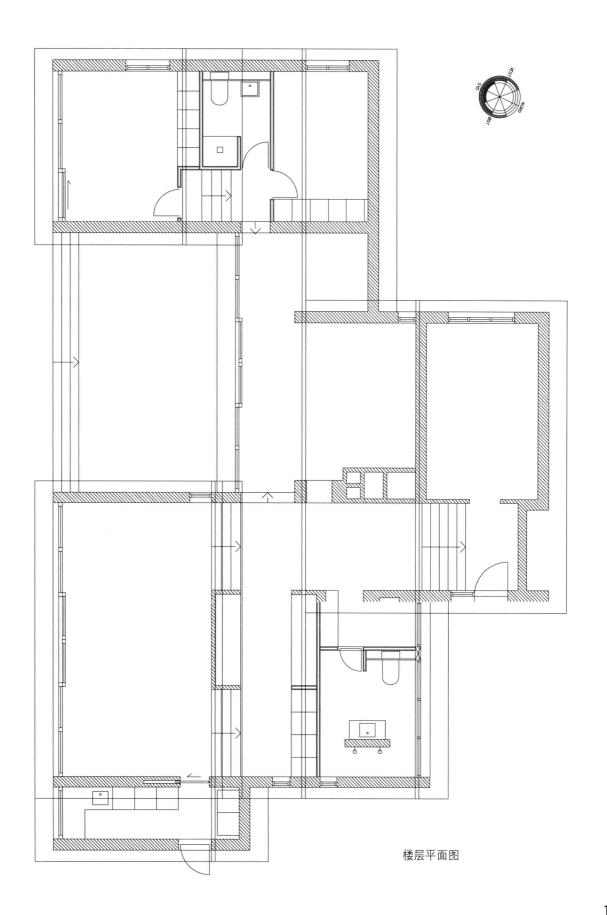

楼层平面图

195

Ryoichi Kojima - kodikodi architects

三明治别墅

日本，东京

照片由水谷文子提供

织田是日本23个区中人口最多的区。该别墅设计的挑战在于设计师要充分利用这个小空间的每一处，为户主夫妇以及孩子提供舒适而亲密的生活空间。

客户夫妇是在日本郊区长大的，那里的每户人家都有一个后院，像三明治一样夹在房子和棚屋之间。周围的围墙保证了后院的隐私性。建筑师由此吸取灵感，将房子和棚屋夹着后院的布局转换到别墅的室内空间设计中。

为了保持内部空间的隐秘性，建筑师在房子内部添了两堵墙，中间的部分就是"后院"。后院是一间悬浮在房子上方的房间，这间"后院"用作客厅。客厅一端通向餐厅，另一端是家庭的就寝区域。这件悬浮的房间将空间分割，让房子的体积看起来比实际大不少。"悬浮"客厅的外墙是木板，顶部是斜屋面的设计，看起来就像是花园棚屋。

顶楼的浴室设计美轮美奂，墙和屋顶都是玻璃，还连接着一片木地板露台。在顶楼沐浴不仅能享受一人世界，也能欣赏露台外的风景。

在这栋别墅中，墙面面积不像普通房型那么多，所以设计师将通风系统设置在楼顶，在房屋的正中心是一个从上至下的通风系统，经过悬浮客厅，空气和光线都从这里通向其他的房间。悬挂楼梯穿过悬浮客厅，让房子从室内看起来更大，也满足了客户对设计的要求：明亮而有趣。

建筑企划：
Ryoichi Kojima-Kodikodi Architects
场地面积：
65 平方米 (700 平方英尺)
建筑面积：
39 平方米 (420 平方英尺)

该别墅设计的挑战在于设计师要充分利用这个小空间的每一处，为户主夫妇以及孩子提供舒适而亲密的生活空间。

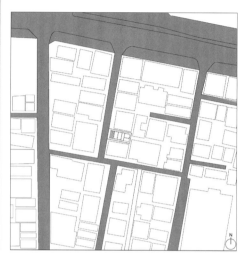

三楼平面图

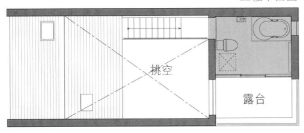

一楼平面图

挑空

露台

厨房 餐厅 卧室2

二楼平面图

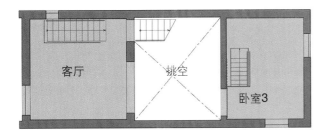

底楼平面图

客厅 挑空 卧室3

车库 储藏室 卧室1

悬浮的客厅被"夹"在两面墙中间。客户夫妇是在日本郊区长大的,那里的每户人家都有一个后院,像三明治一样夹在房子和棚屋之间。这个客厅对应的就是后院。

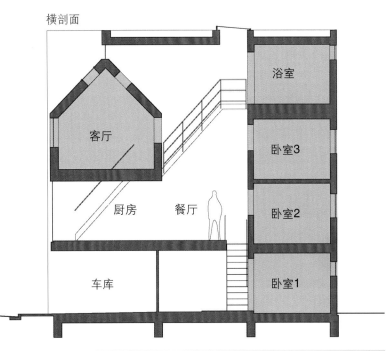

浴室

卧室3

客厅

厨房　餐厅

卧室2

车库

卧室1

在房屋的正中心是一个从上至下的通风系统，经过悬浮客厅，空气和光线都从这里通向其他的房间。悬挂楼梯穿过悬浮客厅，让房子从室内看起来更大。

Vector Architects

3E公寓

中国，北京

照片由Vector建筑事务所提供

　　这座开放式公寓设计简洁，线条明朗，体现了户主简单的生活习惯。由于受到一面承重墙结构的影响，建筑师重新布置了空间，在满足了户主一些基本生活需求的同时，也增加了生活空间的灵活度。玄关处改建成了洗衣房和壁橱，而原本是面向厨房的保姆房，没有自然光的照射。玄关通向画廊，这里不仅是家庭成员公共休息室，也能派其他用处。开放式的厨房设计促进了厨房和餐厅的互动，也弥补了北边光照不足的缺点。

　　设计师将隔开了画廊和生活区域的承重墙改造成厚厚的书架，同时也不妨碍承重的功能。11米长的客厅既能休息也能聚会或是工作。建筑师为主卧设计了一个移动壁橱，既保护了卧室的私密性，也隔开了主卧和浴室。公寓中所有生活必备设施一应俱全，而且整体空间也连贯和谐。

　　室内的色调简单而统一，材料和细节设计都为家庭日常生活提供了干净而简洁的环境，并与室外的风景保持了和谐。

建筑企划：
Vector建筑事务所
合伙设计：
Chien-Ho Hsu
项目团队：
Chien-Ho Hsu
结构与材料：
克丽奈，白橡树，地铁玻璃
楼板面积：
265平方米 (2852平方英尺)

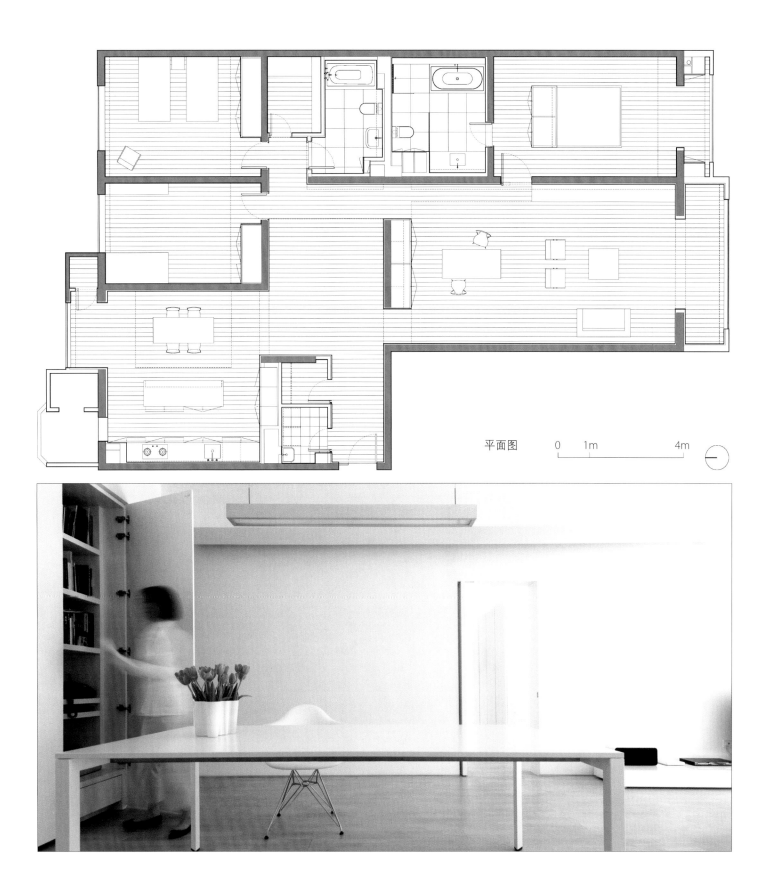

平面图　　　0　1m　　　　4m

由于受到一面承重墙结构的影响，建筑师重新布置了空间，在满足了户主一些基本的生活需求的同时，也增加了生活空间的灵活度。

1/10 concept programming interior

极光公寓

中国台湾，台北松江路

照片由Lu Zhenyu提供

建筑企划：
Tracy Jen (1/10概念室内设计事务所)

极光公寓的主人是一位"空中飞人"，忙于事业，一个人生活。考虑到要常常出差，户主希望自己的家是一个安静的庇护港湾，能让他在一个没有压力的环境下修养身心。

设计师将该公寓划分成了两部分：多功能区域和主人套房。

多功能区包括客厅、餐厅、书房和储藏室。长桌和L形沙发提供了主人思考、阅读、就餐、品酒和休息的空间。建筑师用简洁的布局和内置壁橱充分利用了有限的空间。设计独特的书橱由五种尺寸的长方形盒子排列组合，盖满一整面墙，能够放置硬面书、休闲杂志和小书，成为了房间的一道背景。

因纽特人相信极光能够带领灵魂去往天堂，这也是建筑师在设计时的灵感来源。设计师想到了北极的地平线，所以将天花板设计出由不规则四边形覆盖的结构。主要的照明在天花板的两侧沟槽内，而拱腹内的柔光灯为室内增添了迷人的气息。这两种光源交汇时，突显了天花板的前卫造型，让它看起来高大而深邃。多功能区域的天花板、地面、墙面的淡淡白色调令人安详，而白色大理石地面、光滑的壁橱门和人造石桌表面泛着冰一样的亮光，就像是北极布满天地的雪。住在这样的屋子里，宁静的美让人觉得时间似乎停止，远离了现代社会的尘嚣。

设计独特的书橱由五种尺寸的长方形盒子排列组合，盖满一整面墙，能够放置硬面书、休闲杂志和小书，成为了房间的一道背景。

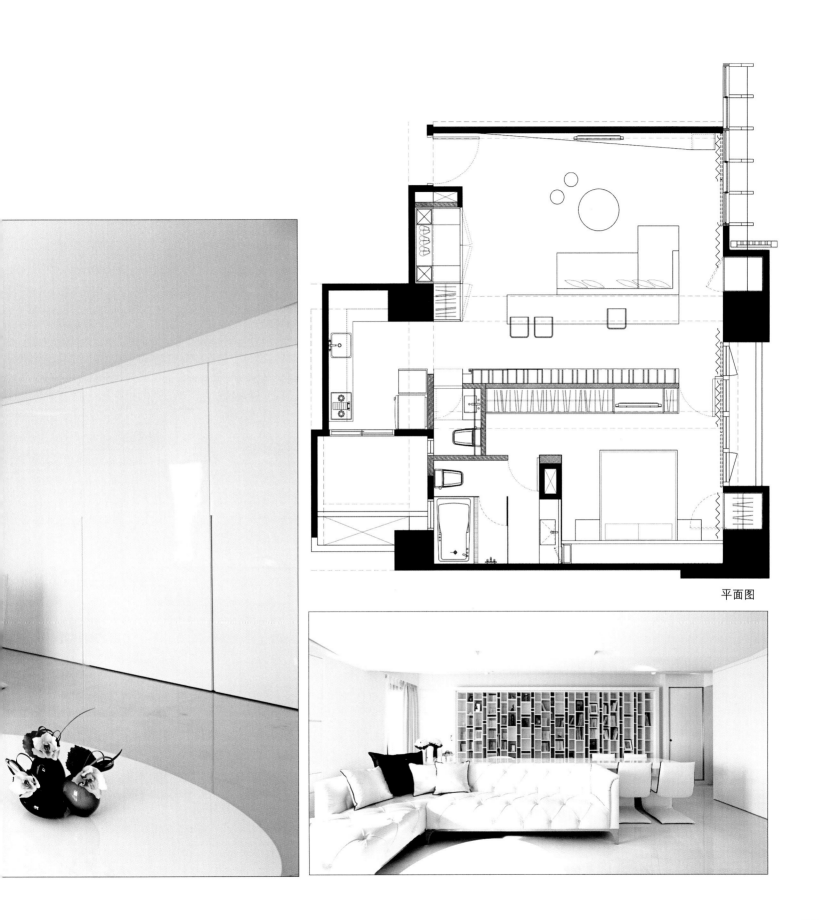

平面图

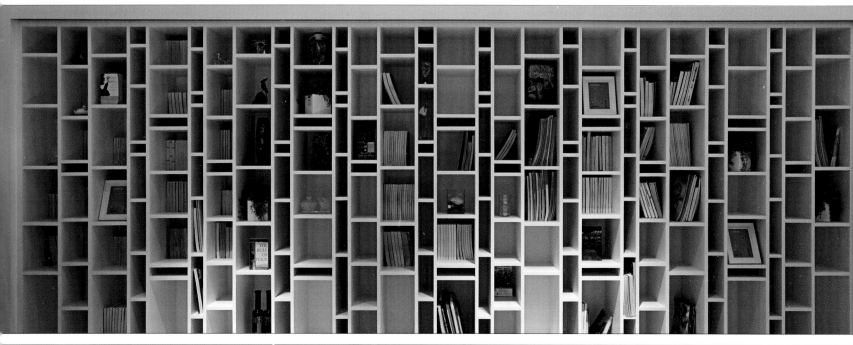

设计师想到了北极的地平线，所以将天花板设计出由不规则四边形覆盖的结构。主要的照明在天花板的两侧沟槽内，而拱腹内的柔光灯为室内增添了迷人的气息。这两种光源交汇时，突显了天花板的前卫造型，让它看起来高大而深邃。

Graft Lab

北京城堡

中国，北京

照片由Graft Lab提供

　　德国建筑事务所GMP设计了这栋在北京具有最先进节能设备的城堡，外立面使用了双层玻璃。城堡中的楼梯曲折，不规则造型的墙体在视觉上增加了房屋的面积。城堡位于北京中央商务区的北边，毗邻亮马河旁的大使馆区，属于北京最繁华的地段和售价最昂贵的住宅之一。

　　公寓内部的设计是以螺旋式楼梯为中心，连续的线条和空间从楼梯处散开。复式公寓的主人是一对非常好客的夫妇，家里经常来客人 (家人和朋友)，所以设计师为他们设计了两间客房。打开一扇大大的移动门，就能扩大会客室，并且透过连接天花板的落地玻璃窗就能欣赏窗外的风景。主卧位于二楼，随着楼梯渐渐向上走，在楼梯口也是扶手的墙壁逐渐增高，与二楼的墙壁连为一体，形成一条长走道，用作画廊和工作区。

　　所有的墙面和天花板连成一片连续的平面，从楼梯延续到会客室，连接着天花板一直通向厨房，最后在厨房形成一个克丽奈橱柜。

　　房间的主色调是白色，包括墙面和天花板，和屋内越南风格的橙色硬木地板 (森林环保型) 形成反差。定制的绿色粗糙软皮革沙发成为整间公寓的亮点。室内设计的特殊的部分就是风、声音和光线调节。

　　调节设备是根据中国传统的雕木门窗和屏障结构改造的。由于楼房的落地玻璃窗延伸至天花板，而且楼下的交通繁忙，双层玻璃将风完全挡在了外面，建筑师决定用现代技术来重新改进传统的中国屏风，比如电脑散热扇、汽车对讲机以及圆形荧光管。在保证了通风、光线和对话的同时，不影响私密性。室内的光影效果也十分迷人。

建筑企划：
Graft Lab

公寓内部的设计是以螺旋式楼梯为中心，连续的线条和空间从楼梯处散开。

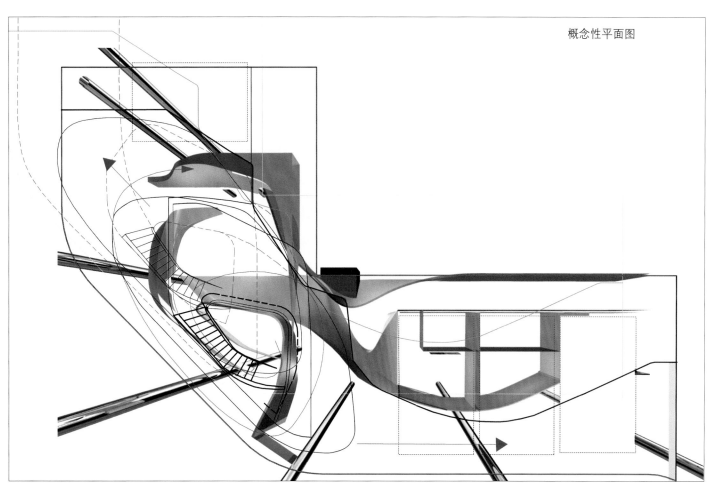

复式公寓的主人是一对非常好客的夫妇，家里经常来客人 (家人和朋友)，所以设计师为他们设计了两间客房。

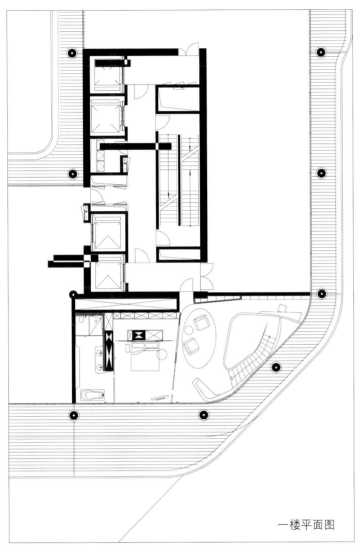

一楼平面图

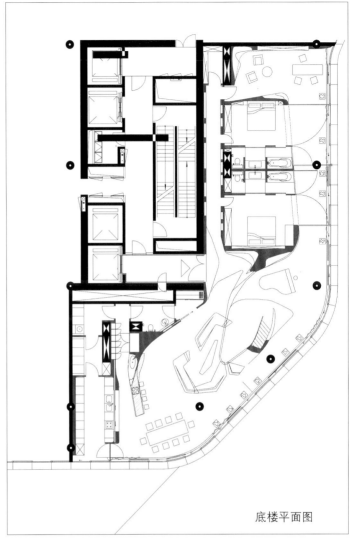

底楼平面图

由于楼房的落地玻璃窗延伸至天花板，而且楼下的交通繁忙，双层玻璃将风完全挡在了外面。建筑师决定用现代技术来重新改进传统的中国屏风，比如电脑散热扇、汽车对讲机以及圆形荧光管。

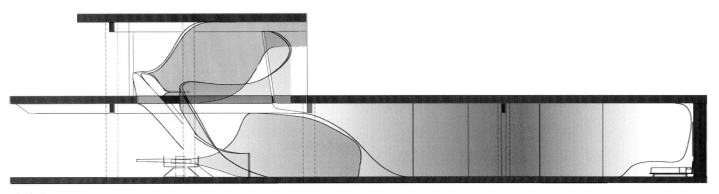

纵剖面

在保证了通风、光线和对话的同时，不影响私密性。室内的光影效果也十分迷人。

Najjar-Najjar Architects

F别墅

奥地利，维也纳

照片由Manfred Seidl提供

这套公寓的空间概念是想打穿室内外的墙，扩大房间的视野。

为了从视觉上掩盖天花板不够高的缺点，整片空间使用了同一种材料，包括天花板、墙和地板，在这些地方以及厨房工作台使用克丽奈来统一空间。

大部分定制的家具都和建筑元素融为一体。曲线型的家具一物多用，凸显了整洁的美感，也开阔了空间。酒吧台桌面向地面倾斜，最终和地面融为一体，连接了餐厅和客厅的两块平面。克丽奈和黑色大理石两种材质的混搭也突出了这一效果。在两块平面的交汇处摆放着一个6米 (20英尺) 长的白色皮革沙发，供客人在壁炉前休息。在沙发的另一端摆放着一张桌子，成了办公区域。

设计中融入了大部分先进设备。屏幕是可以隐藏的，当客人想看电视时，一张巨大的屏幕就会从墙上方降下来。天花板下方还有投影仪。LED灯光和音效系统都由电脑控制。这些先进的技术将数字世界与实体室内环境融合在一起。

一台4.5米 (15英尺) 长的咸水鱼缸嵌在墙内，并由一个坚固的钢结构支撑。水温以及喂鱼等其他功能也都由电脑控制。鱼缸的开口与墙体无缝衔接。一幅湛蓝而精致的电脑制图印在鱼缸玻璃上，在周围白色墙面的衬托下显得格外抢眼。

卧室的设计理念与其他房间的设计理念是相同的。除了地板使用恶劣鸡翅木地板，其他表面都是抛光过的。一按床头的按钮，一块放置电视的皮质板就会从床尾升起。在卧室的一角，墙面和天花板都是玻璃材质，一块L形的台面包围着一台按摩浴缸。在浴缸里享受的同时，对窗外的美景也一览无遗。

建筑企划：
Najjar-Najjar 建筑事务所
建筑总面积：
400平方米 (4305平方英尺)
成本：
130万欧元
项目团队：
Mag.Conrad Kroenke,
Ali Shehabi, Sebastian Brandner
结构工程师：
Karl Hainz Hollinsky
技术工程师：
TAS Kainberger
主要承包商：
Friedrich Schaffer

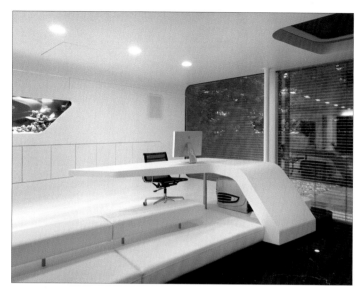

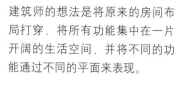

建筑师的想法是将原来的房间布局打穿，将所有功能集中在一片开阔的生活空间，并将不同的功能通过不同的平面来表现。

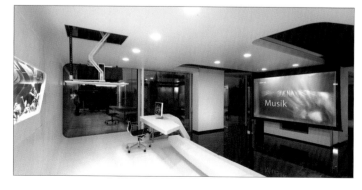

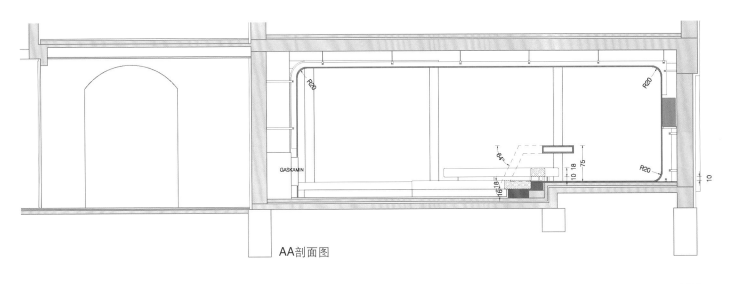

AA剖面图

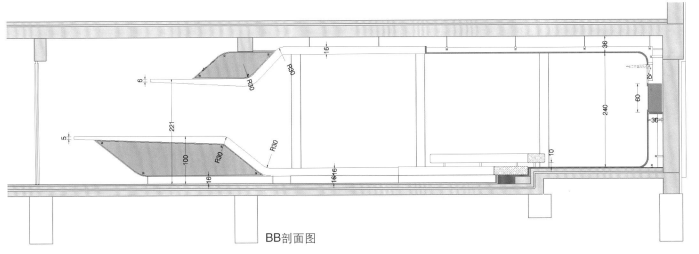

BB剖面图

底楼平面图

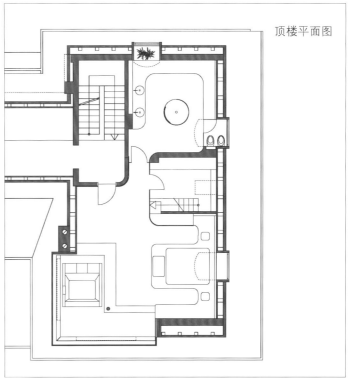

顶楼平面图

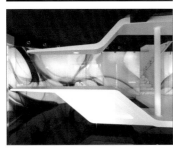

238

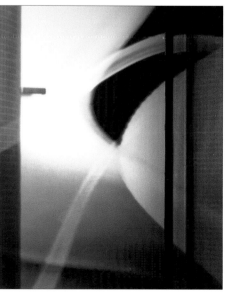